AF542437

SOCIÉTÉ NATIONALE D'ENCOURAGEMENT A L'AGRICULTURE

COMPTE RENDU DES TRAVAUX

DU

CONGRÈS HIPPIQUE

Tenu à Paris, les 18, 19 et 20 Juin 1914

PUBLIÉ AU NOM DU BUREAU

PAR J.-M. DE LAGORSSE

Secrétaire général du Congrès
Membre du Conseil supérieur de l'Agriculture
Secrétaire général de la Société nationale d'encouragement à l'Agriculture

PRIX : 3 francs

PARIS
BUREAUX DE LA SOCIÉTÉ
5, AVENUE DE L'OPÉRA, 5

1914

Paris. — Imp. Pairault et Cie, 3, rue de Bizerte

AUX LECTEURS

Les travaux du Congrès hippique se sont terminés le 20 juin 1914.

Chacun se rendra compte du temps matériel nécessaire pour procéder à la correction des épreuves sténographiques, des rapports et des discussions, puis à l'impression des Comptes rendus eux-mêmes.

Le 31 juillet 1914, les 144 premières pages des Comptes rendus des travaux du Congrès hippique 1914 étaient imprimées et tirées.

La Guerre dans laquelle la France est entrée le 2 août 1916 a suspendu pendant un certain temps toute activité et l'impression des comptes rendus a été subitement arrêtée.

Par la suite, la mort glorieuse sur la Marne et sur l'Yser des deux Secrétaires-adjoints de la Société Nationale d'Encouragement à l'Agriculture, puis la maladie douloureuse qui frappe depuis de longs mois son si actif Secrétaire Général, M. J.-M. de Lagorsse, n'a pas permis à la Société Nationale d'Encouragement à l'Agriculture de reprendre plus rapidement l'impression des Comptes rendus des travaux du Congrès hippique 1914.

Le Bureau de la Société Nationale d'Encouragement à l'Agriculture si douloureusement atteint dans la personne de son Secrétaire Général et de ses Secrétaires-adjoints, prie les membres de la Société de recevoir ici, ses excuses et de faire bon accueil à cet ouvrage, si tardivement publié.

COMPTE RENDU DES TRAVAUX

DU

CONGRÈS HIPPIQUE

DE 1914

SOCIÉTÉ NATIONALE D'ENCOURAGEMENT A L'AGRICULTURE

COMPTE RENDU DES TRAVAUX

DU

CONGRÈS HIPPIQUE

Tenu à Paris, les 18, 19 et 20 Juin 1914

PUBLIÉ AU NOM DU BUREAU

PAR J.-M. DE LAGORSSE

Secrétaire général du Congrès
Membre du Conseil supérieur de l'Agriculture
Secrétaire général de la Société nationale d'encouragement à l'Agriculture

PRIX : 3 francs

PARIS
BUREAUX DE LA SOCIÉTÉ
5, AVENUE DE L'OPÉRA, 5

1914

AVANT-PROPOS

Le dixième Congrès hippique de Paris, dont nous donnons le compte rendu, contient de nouveaux sujets d'étude sur notre élevage. La production chevaline est celle qui subit le plus de transformations et cela n'a pas lieu d'étonner quand on songe, d'une part, aux progrès de l'automobilisme et, d'autre part, aux nécessités nouvelles de la remonte de notre armée. De là, l'opportunité d'un Congrès annuel.

Comme toujours, il a été fait, dans nos études et nos discussions, une part à la science et une part à la pratique.

Et d'abord, M. le Président EMILE LOUBET a fourni des détails très intéressants sur le fléchissement de nos exportations, avec la connaissance approfondie qu'il possède de notre commerce extérieur.

Pour ce qui est de la science, nous devons témoigner toujours notre gratitude à M. GUSTAVE BARRIER, le savant inspecteur général des Ecoles nationales vétérinaires, aux éminents professeurs de l'Ecole d'Alfort, MM. VALLÉE et DECHAMBRE, qui ont traité respectivement les questions de *la valeur de la richesse globulaire du sang chez les chevaux de vitesse*, des *étalons porteurs de germes infectieux* et de *la production actuelle du cheval de trait.*

MM. les médecins-vétérinaires militaires Joly, Meyranx et Fontaine ont entretenu le Congrès des diverses questions relatives à notre cheval d'armes, notamment des *avantages et des écueils de l'hippométrie*, de *l'orientation nécessaire du cheval du Midi* et de la *cure chirurgicale du cornage chronique.*

Nous avons eu, enfin, des rapports remarquables de nos hippologues les plus réputés : MM. Martin du Nord, Charles de Salverte, Lavalard, Emmanuel Frézier, Louis Baume, comte de Robien, qui ont mis le Congrès au courant de certaines réformes désirables et réclamé surtout la constitution d'une nouvelle section dans notre Congrès, pour l'élevage anglo-arabe, un peu délaissé jusqu'à ce jour.

Ajoutons que le vieux baudet du Poitou a été dignement loué par M. Gaston Deschamps, dans une causerie humoristique très applaudie.

Au total, tous ceux — et ils sont nombreux — qui s'intéressent, en France, à notre admirable production chevaline, liront, avec fruit, le compte rendu du Congrès hippique de 1914.

J.-M. de Lagorsse

Juillet 1914.

Secrétaire général du Congrès.

Congrès Hippique de Paris

Liste des Membres du Congrès (1)

MM.

ABEILLE (Adolphe), propriétaire-éleveur, 27, rue du Faubourg-Saint-Honoré, Paris.

AKAR (Jean), loueur de chevaux, 17, rue Vernet, Paris.

ALEXANDRE (Louis), agriculteur-éleveur, à Saint-Léger-sous-Beuvray (Saône-et-Loire).

ANCENAY (Francisque), président du Comice agricole de Moûtiers, à Aigueblanche (Savoie).

ANDIGNÉ (Comte d'), conseiller municipal de la Ville de Paris, 49, rue de Boulainvilliers, Paris.

ANDIGNÉ (Comte Geoffroy d'), château de La Blanchaye, par Segré (Maine-et-Loire).

ANDIGNÉ (Comte Georges d'), 3, rue de la Chaise, Paris, et château du Grip, par Durtal (Maine-et-Loire).

ANQUETIN (Albert), président de la Société d'encouragement pour l'amélioration du Cheval de trait dans l'arrondissement des Andelys, à Heudicourt, par Etrépagny (Eure).

ARENBERG (Prince Auguste d'), président de la Société d'encouragement pour l'amélioration des races de chevaux en France, 20, rue de La Ville-l'Evêque, Paris, et château de Menetou-Salon (Cher).

ARNAUD (J.), propriétaire-éleveur, le Champ-d'Alouettes, à Gouvieux (Oise).

AUBERGÉ (Marcel), propriétaire-éleveur, à Villarache, par Moissy-Cramayel (Seine-et-Marne).

AUBERGÉ (René), propriétaire-éleveur, à Moissy-Cramayel (Seine-et-Marne).

(1) Voir dans le compte rendu de la 3e séance du Congrès la liste des Membres de la nouvelle Section arabe, anglo-arabe de pur sang et anglo-arabe de demi-sang qualifiés.

AUD'HUI (Louis), directeur du journal *La Bretagne hippique*, à Morlaix (Finistère).

AUDRY, propriétaire, à Virson, par Aigrefeuille d'Aunis (Charente-Inférieure).

AUMONT (Alexandre), propriétaire-éleveur, 30, avenue d'Antin, Paris, et château de Victot, par Beuvron-en-Auge (Calvados).

AUNAC (Louis), propriétaire-éleveur, château de Pélissier, par Agen (Lot-et-Garonne).

AVELINE (Charles), propriétaire-éleveur, président de la Société hippique percheronne de France, à La Touche, par Nogent-le-Rotrou (Eure-et-Loir).

BACHELET (Henri), agriculteur-éleveur, conseiller général, à Vaulx-Vraucourt (Pas-de-Calais).

BACHELEY (Adolphe), conseiller général, à Chaumergy (Jura).

BAJAC (Paul), propriétaire-éleveur, conseiller général, maire d'Ibos (Hautes-Pyrénées), et 5, rue Nouvelle, Paris.

BAIS (Comice agricole de) (Mayenne).

BALTAZZI (Georges), directeur du *Jockey*, 142, rue Montmartre, Paris.

BARBENTANE (Marquis de), président de l'Association des Sociétés de courses du Centre et du Sud-Est, 31, av. Bosquet, Paris.

BARDIN (Frédéric), propriétaire-éleveur, président du Syndicat des Eleveurs nivernais, à Chevenon (Nièvre).

BAR-LE-DUC (Société d'agriculture de l'arrondissement de) (Meuse).

BARRIER (Professeur Gustave), inspecteur général des Ecoles nationales vétérinaires, membre de l'Académie de Médecine, 4, rue Bouley, à Alfort (Seine).

BARTHE, propriétaire, à Méritein, par Navarrenx (Basses-Pyrénées).

BARTHÉLEMY (A.), mandataire aux Halles centrales, 53, rue du Ranelagh, Paris.

BASIRE (Elphège), sénateur de la Manche, vice-président du Syndicat des éleveurs de Chevaux de demi-sang, 50, avenue de la Grande-Armée, Paris, et à Dragey, par Genêts (Manche).

BASLY (de), propriétaire-éleveur, à Cresserons, par La Délivrande (Calvados).

BAUBIGNY, secrétaire général de la France hippique, 97, boulevard Haussmann, Paris.

BAUDET (Dr Charles), député, à Caulnes (Côtes-du-Nord), et 26, rue de Staël, Paris.

BAUGUIL (Th.), chef du Service sanitaire vétérinaire et du Service pastoral de l'Algérie, chargé de l'Inspection des haras de l'Algérie, 108, avenue Malakoff, villa Saint-Anne, à Saint-Eugène (Alger).

BAUME (Louis), propriétaire-éleveur, à Brévands (Manche), rédacteur en chef de la *France chevaline*, 19, rue de La Tour-d'Auvergne, Paris.

BAUCHAMP (A.), président du Syndicat des éleveurs de Chevaux de demi-sang de la circonscription de Cluny, propriétaire-éleveur, à Vaumas (Allier).

BECCI (Comte Gabriel), avocat à la Cour d'appel, 86, rue de Varenne, Paris.

BEDOUT (L.), propriétaire-éleveur, haras de la Plaine, à Cazaubon (Gers).

BÉGUERIE (P.), propriétaire-éleveur, à Beaulac-Bernos (Gironde).

BÉNARD (Jules), membre de la Société nationale d'Agriculture de France et du Conseil supérieur de l'Agriculture, 81, rue de Maubeuge, Paris.

BERTEUX (Comte de), propriétaire-éleveur, 3, rue du Cirque, Paris, et haras de Cheffreville-Tonnencourt, par Fervacques (Calvados).

BLANC (Camille), propriétaire-éleveur, haras de Joyenval, par Chambourcy (Seine-et-Oise), et 67, boulevard Haussmann, Paris.

BLANC (Edmond), propriétaire-éleveur, président du Syndicat des éleveurs de Chevaux de pur sang en France, 42, avenue Gabriel, Paris.

BOISBOISSEL (Vicomte de), trésorier de la Société nationale de Trait léger, Mur-de-Bretagne (Côtes-du-Nord).

BOISGELIN (Comte Bruno de), propriétaire-éleveur, 19, avenue de l'Alma, Paris, et à Beaumont-le-Roger (Eure).

BOISSEAU (Jules), propriétaire-éleveur, à la Coquerie-Laubrières, par Cuillé (Mayenne).

BONNEFOY, conseiller de préfecture, à Guéret (Creuse).

BORY (Armand), président du Comice agricole de Pierrefort (Cantal), 51, rue de la Chaussée-d'Antin, Paris.

BOUCHER (Hubert), professeur de zootechnie à l'Ecole nationale vétérinaire de Lyon (Rhône).

BOUÉ (J.-Ch.), directeur des Services agricoles des Hautes-Pyrénées, à Tarbes (Hautes-Pyrénées).

BOUIS (R.), propriétaire-éleveur, château d'Escoville, par Hérouvillette (Calvados).

BOULANGER (François), propriétaire-éleveur, maire, à Beussant, par Hucqueliers (Pas-de-Calais).

BOULET (Emmanuel), propriétaire, à Bosc-Roger-en-Roumois (Eure).

BOULNOIS (H.), propriétaire-éleveur, à Sarcus (Oise).

BOURGNE (André), directeur des Services agricoles de l'Eure, 13, rue de la Banque, à Evreux (Eure).

BOUSCASSE (Léonce), propriétaire, 34, allée Lafayette, à Toulouse (Haute-Garonne).

BOUVIER (F.), notaire, 3, rue Maletache, à Toulouse (Haute-Garonne).

BRAY (Baron de), propriétaire-éleveur, château de Montgeroult, par Boisserie-l'Aillerie (Seine-et-Oise).

BRÉMOND (Jacques de), propriétaire-éleveur, 75, rue de Courcelles, Paris.

BRESSON (Comte), 15, rue Auguste-Vacquerie, Paris.

BRION (P.), propriétaire-éleveur, 14, rue de la Gare, à Caen (Calvados).

BRUGÈRE, propriétaire, à Saint-Ybard, par Uzerche (Corrèze).

BRUNET (F.), propriétaire, à Roche, par Saint-Saturnin (Cantal).

BURTHE, propriétaire, à Andilly, par Montmorency (Seine-et-Oise).

CABROL, propriétaire-éleveur, à Flers (Orne).

CAILL (Yves), médecin-vétérinaire, maire, à Plouzévédé (Finistère).

CAILLAUD (Jules), agriculteur-éleveur, La Naslière, par Saint-Maixent (Deux-Sèvres).

CAILLAULT (Maurice), propriétaire-éleveur, membre du Conseil supérieur des Haras, 13, rue Saint-Florentin, Paris.

CALVET (Auguste), 6, rue Boissonnade, Paris.

CAMILLE aîné (Clément), président du Syndicat des loueurs de voitures de luxe, 18, rue de la Tour-des-Dames, Paris.

CANAPLE (M.-W.), 12, place Vendôme, Paris.

CAPELLE (Alfred), propriétaire-éleveur, 10, rue Laplace, à Caen (Calvados).

CAQUET (François), membre du Conseil supérieur de l'Agriculture, à Saint-Hilaire-Fontaine (Nièvre), et 23, rue Houdon, Paris.

CARON (J.), président de la Société agricole et horticole, à Boulogne-sur-Mer (Pas-de-Calais).

CARRÉ (L.), fabricant de machines agricoles, 1, 3 et 5, rue des Halles, à Valognes (Manche).

CASTELBAJAC (Marquis de), 7, quai Voltaire, Paris, et château de Caumont, par Samatan (Gers).

CATHUS, 26, avenue de l'Alma, Paris.

CAUCHOIS (Louis), directeur de la *France chevaline*, 17, rue de la Grange-Batelière, Paris.

CAUVIN (Ernest), sénateur, 5, rue de Milan, Paris, et à Saleux-Salouel (Somme).

CAVEY aîné, propriétaire-éleveur, à Nonant-le Pin (Orne).

CAZE DE CAUMONT (Frantz), 103, rue de La Boëtie, Paris, et à Antibes (Alpes-Maritimes).

CAZELLES (Jean), avocat à la Cour d'appel de Paris, conseiller général du Gard, 39, boulevard Berthier, Paris.

CHAIZE (Charles), agronome, à Villerest (Loire).

CHAMPION (Pierre), propriétaire-éleveur, 9, avenue des Chalets, Paris.

CHARPENTIER (Léon), propriétaire-agriculteur, au Treuillault, commune de Villers, par Châteauroux (Indre).

CHARPY, capitaine d'artillerie, à Rennes (Ille-et-Vilaine).

CHAUMONT (Société d'agriculture de l'arrondissement de) (Haute-Marne).

CHAUVEAU (Professeur Augustin), membre de l'Institut, 4, rue du Cloître-Notre-Dame, Paris.

CHAUVEAU sénateur, 225, boulevard Saint-Germain, Paris.

CHEBANIER, propriétaire, à Marvejols (Lozère).

CHÉDEVILLE (Paul), propriétaire-éleveur, haras du Tellier, par Argentan (Orne).

CHEVALIER (Pierre), directeur de l'Ecole de dressage, à Charolles (Saône-et-Loire).

CHEVIGNÉ (Comte Guy de), 1, place Wagram, Paris.

CHOMET (Emile), propriétaire-éleveur, à Marcigny, par Saint-Pierre-le-Moûtier (Nièvre).

CHOUANARD (J.), propriétaire-éleveur, à Verrières, par Berd'huis (Orne).

CIBIEL (Théodore), 7, rue du Commandant-Rivière, Paris.

CLAEYS (Léon), ancien sénateur, président du Comice agricole de Bergues (Nord).

CLARENC (Georges), directeur de l'Ecole pratique d'agriculture de Beaune (Côte-d'Or).

CLERMONT-TONNERRE (Comte R. de), 104, boulevard Haussmann, Paris, et château de Muides (Loir-et-Cher).

COLAS (Alphonse), propriétaire-éleveur, à Cougny, par Saint-Benin-d'Azy (Nièvre).

COMET (P.), propriétaire-éleveur, à Bagnères-de-Bigorre (Hautes-Pyrénées).

COMMINGES (Comte de), propriétaire, à Clairoix, par Compiègne (Oise).

CONSTANT (Emile), député de la Gironde, 3, rue de Chazelles, Paris.

COOLEN, médecin-vétérinaire, à Rosendaël (Nord).

CORBIÈRE (Henri), propriétaire-éleveur, maire, à Nonant-le-Pin (Orne).

CORMIER (Charles), vétérinaire-major, officier acheteur au dépôt de Remonte de Caen, 127, rue de Bayeux, à Caen (Calvados).

COSSÉ-BRISSAC (Comte M. de), 14, rue d'Avon, à Fontainebleau (Seine-et-Marne).

COURNAULT DE SEYTURIER, haras de Saint-Thiébaut, à Méréville-sur-Moselle, par Flavigny-sur-Moselle (Meurthe-et-Moselle).

COURRÈGELONGUE (Marcel), sénateur, maire de Bazas (Gironde), et 9, rue Brémontier, Paris.

COUZINET (A.), propriétaire, 5, place Matabiau, à Toulouse (Haute-Garonne).

CROZET (Maurice), domaine de la Grand'Cour, à Romanèche (Saône-et-Loire).

DANGUY (Louis), directeur des Services agricoles de la Loire-Inférieure, 36, rue Félix-Thomas, à Nantes (Loire-Inférieure).

Darbot, sénateur, 19, avenue d'Orléans, Paris.

Dauger (Comte), propriétaire-éleveur, à Menneval, par Bernay (Eure).

Dadid (Henri), sénateur, 37, rue du Général-Foy, Paris.

David-Beauregard (Comte de), propriétaire-éleveur, à Sainte-Eulalie, par Hyères (Var).

Debray (Henri-Robert), propriétaire-éleveur, 2, rue Tronchet, Paris.

Dechambre, professeur à l'Ecole nationale vétérinaire d'Alfort (Seine).

Decker-David (P.), sénateur, 100, avenue Ledru-Rollin, Paris.

Decrombecque, propriétaire-éleveur, à Hersin-Coupigny (Pas-de-Calais).

Delapalme (Félix), notaire, 250 *bis*, boulevard Saint-Germain, Paris.

Delapalme (Jacques), 63, rue de Ponthieu, Paris.

Delattre (Félicien), propriétaire-éleveur, à Selles, par Desvres (Pas-de-Calais).

Delhote (Jean), propriétaire-agriculteur, à Couzeix (Haute-Vienne).

Demarty, directeur des Services agricoles de Tarn-et-Garonne, à Montauban (Tarn-et-Garonne).

Denis (Philippe), propriétaire-éleveur, à Lys, par Tannay (Nièvre).

Descas (Camille), 5, quai de Paludat, Bordeaux (Gironde).

Deschamps (Gaston), conseiller général des Deux-Sèvres, 15, rue Cassette, Paris.

Deschamps (Emile), propriétaire, 1, rue Boccador, Paris.

Desprez (Henri), ingénieur en chef des Ponts-et-Chaussées, 86, boulevard de Courcelles, Paris.

Desvouges, propriétaire-éleveur, 74, rue Saint-Sauveur, Paris.

Dethan (Georges), propriétaire-agriculteur, château de la Côte, par Bourdeilles (Dordogne), et 16, rue Stanislas, Paris.

Dethan (G.), haras de Chérence-en-Vexin, par la Roche-Guyon (Seine-et-Oise), et 11, rue Alphonse-de-Neuville, Paris.

Dijon (Société d'agriculture de) (Côte d'Or).

Doléris (Dr), 7, rue Logelbach, Paris.

Donjon de Saint-Martin (G.), propriétaire-éleveur, à Louches, par Ardres (Pas-de-Calais).

Douat (Henri), propriétaire, 240, rue du Faubourg-Saint-Honoré, Paris.

Doussain (A.), médecin-vétérinaire, 11, rue Scribe, à Nantes (Loire-Inférieure).

Dreyfus (Gaston), propriétaire-éleveur, 5, av. Montaigne, Paris.

Drouillard, propriétaire-éleveur, château de Kerlaudy, par Plouénan (Finistère).

Druet, propriétaire, à Houilles (Seine-et-Oise).

Du Bos (Auguste), 47, avenue Henri-Martin, Paris.

Ducru (Louis), propriétaire-éleveur, domaine de Saint-Girons, à Maubourguet (Hautes-Pyrénées).

Dumontpallier, secrétaire général de l'Automobile-Club, 6, place de la Concorde, Paris.

Dupuy (Jean), ancien ministre de l'Agriculture, sénateur des Hautes-Pyrénées, 18, rue d'Enghien, Paris.

Dupuy (René), propriétaire, à La Grave, par Le Fousseret (Haute-Garonne).

Ecluse (De l'), directeur honoraire des Services agricoles, au Mans (Sarthe).

Esclauze (A.), médecin-vétérinaire, 46, rue Delaage, à Angers (Maine-et-Loire).

Espous de Paul (Vicomte Ph. d'), 18, rue Godot-de-Mauroi, Paris.

Even (Victor), directeur de la *Semaine vétérinaire*, 8, rue Monsieur-le-Prince, Paris.

Faure (Alfred), ancien député, directeur de l'Ecole nationale vétérinaire de Lyon, 11, rue d'Algérie, à Lyon (Rhône).

Fels (Comte de), 135, rue du Faubourg-Saint-Honoré, Paris, et château de Voisins, par Rambouillet (Seine-et-Oise).

Ferté (Lieutenant-Colonel), 79, avenue Bosquet, Paris.

Filou (Lucien), haras des Hautes-Pâtures, par Bezons (Seine-et-Oise).

Flé (P.), propriétaire-agriculteur, ferme des Graviers, par Saint-Cyr-l'Ecole (Seine-et-Oise).

Flers (Vicomte Adrien de), propriétaire-éleveur, à Hémévez, par Montebourg (Manche), et 7, rue de Tilsitt, Paris.

Foache (Maurice), villa Clara, à Arcachon (Gironde), et 176, boulevard Bineau, à Neuilly-sur-Seine (Seine).

Fontaine (Vicomte A. de), secrétaire-trésorier du Syndicat hippique boulonnais, château de Fontaine-les-Hermans, par Pernes-en-Artois (Pas-de-Calais).

Fontaine (Dr), vétérinaire-major de 2e classe, professeur à l'Ecole de cavalerie, 30, rue du Pont-Fouchard, à Saumur (Maine-et-Loire).

Fontarce (Vicomte de), propriétaire-éleveur, 29, avenue des Champs-Elysées, Paris.

Fonty (Jean), propriétaire-éleveur, à Lithaire, par La Haye-du-Puits (Manche), et 14, rue d'Amsterdam, Paris.

Forceau (Pierre), propriétaire-éleveur, à La Vallée, commune de Nerondes (Cher).

Fortier (E.), sénateur, à Mont-Saint-Aignan, par Rouen (Seine-Inférieure), et 4, rue de l'Isly, Paris

Foucault (Joseph), propriétaire-agriculteur, à Craon (Mayenne).

Fournas (De), propriétaire-éleveur, château de Serres, par Carcassonne (Aude).

Foy (Baron), villa Sainte-Lucie, rue de l'Aigle, à Compiègne (Oise).

Foy (Comte), 25, rue de Surêne, Paris.

Fresnoye (Baron de), propriétaire-éleveur, château de Flers, par Frévent (Pas-de-Calais).

Frézier (Emmanuel), négociant en chevaux, 32, rue de l'Ourcq, Paris.

Gallier (Alfred), médecin-vétérinaire, inspecteur sanitaire de la ville de Caen, 2, rue Leroy, à Caen (Calvados).

Ganay (Comte Gérard de), 137, rue du Faubourg-Saint-Honoré, Paris, et à Fougerette, par Etang-sur-Arroux (Saône-et-Loire).

Ganay (Marquis de), 9, avenue de l'Alma, Paris.

Garcin (Jules), médecin-vétérinaire, 17, rue Cambacérès, Paris.

Garrigou-Larriale (Eugène), propriétaire-éleveur, à Blajan (Haute-Garonne), et 13, rue Leyde, à Toulouse.

Gasselin (Ernest), propriétaire-éleveur, à Laleu, par Le Mesle-sur-Sarthe (Orne).

Gast (Armand), propriétaire-éleveur, vice-président de la Société des courses et de la Société hippique de Corlay, Le Guenfol, à Quintin (Côtes-du-Nord).

Gasté (De), propriétaire-éleveur, à La Genevraye, par Le Merlerault (Orne).

Gaubert (Prosper), propriétaire-agriculteur, aux Vernhes, près Salles-Curan (Aveyron).

Gauvreau (Félicien), propriétaire-éleveur, à Angles (Vendée).

Gayrel, propriétaire, à Gaillac (Tarn).

Gers (Société d'encouragement à l'Agriculture du), à Auch.

Gheest (Maurice de), 67, rue des Belles-Feuilles, Paris.

Girard (Jean-Jules), professeur à l'Ecole nationale vétérinaire de Toulouse (Haute-Garonne).

Girard, directeur des Services agricoles, à Nevers (Nièvre).

Godichon (L.), propriétaire-éleveur, à Larré, par Hauterive (Orne).

Gomot (Hippolyte), ancien ministre de l'Agriculture, sénateur du Puy-de-Dôme, 10, rue des Saints-Pères, Paris.

Gontaut-Biron (Comte J. de), député, 8, avenue Marceau, Paris.

Gourgaud (Baron G.), propriétaire-éleveur, 138, avenue des Champs-Elysées, Paris.

Grabié, propriétaire-éleveur, à Toulouse (Haute-Garonne).

Gramont (Duc de), 52, rue de Chaillot, Paris, et château de Vallière, à Mortefontaine (Oise).

Grégoire (L.), propriétaire-éleveur, maire, à Almenèches (Orne).

Guébriant (Comte de), conseiller général du Finistère, 68, avenue d'Iéna, Paris.

Guerlain (Gabriel), propriétaire-éleveur, à St-Aubin-d'Appenai, par Le Mesle-sur-Sarthe (Orne), et 15, rue de la Paix, Paris.

GUICHERD, inspecteur de l'Agriculture, à Dijon (Côte-d'Or).

GUILLEROT (Paul), propriétaire-éleveur, Les Oudairies, par La Roche-sur-Yon (Vendée).

GUILLET (Commandant), 59, rue Boissière, Paris, et à Beffou, par Loguivy-Plougras (Côtes-du-Nord).

GUILLOU (François-Louis), propriétaire-éleveur, à Guiclan, par Saint-Thégonnec (Finistère).

HACHET (Georges), propriétaire-agriculteur, à Fleury-sur-Aire, par Beauzée (Meuse).

HAMELIN (Paul), propriétaire-éleveur, à Berd'huis (Orne).

HAMET (H.), propriétaire-agriculteur, maire de Plailly (Oise), et 49, rue de Miromesnil, Paris.

HARCOURT (Louis-Emmanuel, Vicomte d'), propriétaire-éleveur, 9, rue de Constantine, Paris, et à Chantilly (Oise).

HATMAKER (James), propriétaire, 25, rue de la Faisanderie, Paris.

HAYES (Auguste), propriétaire-éleveur, maire, à Saint-Pierre-la-Bruyère, par Berd'huis (Orne).

HÉMARD (A.), conseiller général de la Seine, ancien député, propriétaire-éleveur, à Nogent-sur-Vernisson (Loiret), et 78, rue de Paris, à Montreuil-sous-Bois (Seine).

HENNESSY (James), propriétaire-éleveur, 44, rue Bassano, Paris.

HENNET (Baron de), délégué du Ministère I. R. autrichien de l'Agriculture, légation d'Autriche-Hongrie, à Berne (Suisse).

HENRIQUET, propriétaire-éleveur, 10, rue Edouard-Detaille, Paris.

HERLINCOURT (Baron d'), propriétaire-éleveur, château d'Etcrpigny, par Vis-en-Artois (Pas-de-Calais).

HERMÈS (Adolphe), propriétaire-éleveur, 24, rue du Faubourg-Saint-Honoré, Paris.

HERRENG, 52 *bis*, boulevard Saint Jacques, Paris.

HONINCTHUN (Cazin d'), maire de Glomel, président du Comice de Rostrenen (Côtes-du-Nord).

HORMENT (Adrien), propriétaire-éleveur, château de Féas, par Aramits (Basses-Pyrénées).

HUET, propriétaire-éleveur, à Nonant-le-Pin (Orne).

HUNGER (V.), secrétaire général de la Société du Demi-Sang, 7, rue d'Astorg, Paris.

ICARD (J.-M.), propriétaire-éleveur, à Saint-Girons (Ariège).

IDEVILLE (Comte d'), pavillon de Navarre, à Evreux (Eure).

IDEVILLE (Baron Louis d'), château de Ponjus, par Charolles (Saône-et-Loire).

INDRE (Association syndicale des Eleveurs, Agriculteurs et Viticulteurs de l'), rue de la Poste, à Châteauroux (Indre).

JACOTOT (Paul), propriétaire, 4, rue des Paradoux, à Toulouse (Haute-Garonne).

JANVIER (A.), conseiller général, secrétaire du Stud-Book du cheval de trait mayennais, maire de Bais (Mayenne).

JEHENNE (J.), maire de Saint-Malo-de-la-Lande (Manche).

JOLY, vétérinaire principal, directeur du Service vétérinaire du 9e corps d'armée, à Tours (Indre-et-Loire).

JOUBERT (Jean), propriétaire-éleveur, 23, rue Balzac, Paris.

JOUBERT (J.), à Aicirits, par Saint-Palais (Basses-Pyrénées).

KERENFLEC'H-KERNEZNE (Comte de), président de la Société hippique des Côtes-du-Nord, Mur-de-Bretagne (Côtes-du-Nord).

KERNÉIS, propriétaire-éleveur, à l'Hôpital-Camfront, par Daoulas (Finistère).

KOHLER, directeur de l'Ecole nationale d'industrie laitière de Mamirolle (Doubs).

LABAT, directeur de l'Ecole nationale vétérinaire de Toulouse (Haute-Garonne).

LA BAYLE, président du Syndicat des Eleveurs de chevaux des Landes, château d'Artiguère, par Benquet (Landes).

LABROUCHE (Maurice), château de Castillon, à Tarnos (Landes).

LADOUCETTE (Baron de), 25, rue Georges-Bizet, à Paris, et à Rosendael-Dieppe (Seine-Inférieure).

LAFFITTE (Dr), propriétaire-éleveur, à Chalabre (Aude).

LAFORCADE (De), propriétaire-éleveur, Le Gault (Loir-et-Cher).

LA GARDE SAINT-ANGEL (Marquis de), 4, rue Debrousse, Paris, et château de Saint-Angel, par Nontron (Dordogne).

LAGASSE (Louis), député, 41, rue Notre-Dame-de-Lorette, Paris. et à Casteljaloux (Lot-et-Garonne).

LAGORSSE (J.-M. de), secrétaire général de la Société nationale d'encouragement à l'Agriculture, ancien député de la Manche, propriétaire-éleveur, château de l'Ermitage, par Valognes (Manche), et 209, boulevard Saint-Germain, Paris.

LALLOUET (Th.), propriétaire-éleveur, à Semallé (Orne).

LANGLE (Vicomte de), propriétaire-éleveur, château de Pennelé, par Morlaix (Finistère).

LAPLAUD (Martial), ingénieur agronome, à La Trimouille (Vienne).

LAPORTE (Ferdinand), agriculteur-éleveur, à Maux, par Moulins-Engilbert (Nièvre).

LARROQUE (Eugène), propriétaire, à Orthez (Basses-Pyrénées).

LARROUY (Pierre), vétérinaire des Haras, 27, rue Duboué, à Pau (Basses-Pyrénées).

LASTOURS (Comte de), 37, rue La Boëtie, Paris, et château de Lastours, par Castres (Tarn).

LAURENT (Félix), directeur des Services agricoles, à Rouen (Seine-Inférieure).

LAVALARD (E.), 87, avenue de Villiers, Paris.

LAVOINNE (André), député, agriculteur-éleveur, le Bosc-aux-Moines, par Doudeville (Seine-Inférieure).

LAZARD (Salomon), président de la Chambre syndicale du commerce des chevaux, 6, rue de Puteaux, Paris.

LAZARD (Michel), propriétaire-éleveur, 155, boulevard Haussmann, Paris.

LE BOURG (Louis), propriétaire-éleveur, à Reux, par Pont-l'Evêque (Calvados).

LECOUFLET (Emile), propriétaire-éleveur, à Fresville, par Montibourg (Manche).

LEDOUX (Jules), professeur de zootechnie à l'Ecole nationale d'agriculture, 4, rue Alexandre-Duval, à Rennes (Ille-et-Vilaine)

LEFEUVRE (André), 9, rue de Bouillé, à Nantes (Loire-Inférieure).

LE GENTIL (Ernest), secrétaire général du Syndicat hippique boulonnais, propriétaire-éleveur, à Estruval, par Le Parcq (Pas-de-Calais).

LE GONIDEC (Comte Jean), 28, avenue Bosquet, Paris.

LEJEUNE (Baron), propriétaire-éleveur, 7, avenue de l'Alma, Paris, et château de Lamothe-Chandenier, par Les Trois-Moutiers (Vienne).

LELEU fils (Prosper), agriculteur-éleveur, à Tilloy, par Cambrai (Nord).

LE MAROIS (Comte), 59, rue Saint-Dominique, Paris, et haras de Lonray (Orne).

LEMOINE (Gustave), éleveur, à Roullée, par La Fresnaye-sur-Chedouet (Sarthe).

LENOIR (J.-C.), médecin vétérinaire, 13, rue Chernoviz, Paris.

LEPELLETIER, propriétaire-éleveur et négociant, à Carentan (Manche).

LEROUSSEAU (Martial), 34, boulevard Saint-Germain, Paris.

LEVEL (Albert), agriculteur-éleveur, à Bonningues-les-Calais, par Calais (Pas-de-Calais).

LHOMEL (Comte Georges de), 55, avenue Kléber, Paris.

LHOSTE (Léon), propriétaire-éleveur, à Romenay, par Anlezy (Nièvre).

LHOTELAIN, président honoraire du Comice agricole de Reims, 39, faubourg Cérès, à Reims (Marne).

LIAUTARD (Dr A.), doyen et professeur de la Faculté vétérinaire de l'Université de New-York, 14, avenue de l'Opéra, Paris.

LORIÈRE (De), président du Stud-book du cheval de trait mayennais, château de Varennes, par Chémeré-le-Roi (Mayenne).

LOUBET (Emile), ancien président de la République, 250 *bis*, boulevard Saint-Germain, Paris, et château de la Bégude-de-Mazenc (Drôme).

LOUVEAU (Francis), propriétaire, aux Masses-de-Ballots (Mayenne).

LUNÉVILLE (Comice agricole de l'arrondissement de) (Meurthe-et-Moselle).

Machi (P.), café de la Concorde, place Magenta, Bordeaux (Gironde).

Madaré (Edmond), propriétaire-éleveur, président de la Société d'agriculture de Boulogne-sur-Mer, à Saint-Etienne, par Pont-de-Briques (Pas-de-Calais).

Magenc (Auguste), propriétaire-éleveur, rue des Graviers, à Tarbes (Hautes-Pyrénées).

Maillard (Céran), propriétaire-éleveur, à Turqueville, par Sainte-Mère-Eglise (Manche).

Maillard (H.), haras de Brion, par Genêts (Manche).

Maillebiau (M. et Mme Jean), propriétaires, à Orthez (Basses-Pyrénées).

Mallèvre (Alfred), professeur de zootechnie à l'Institut national agronomique, 284, boulevard Raspail, Paris.

Marchegay (Louis), propriétaire-éleveur, château des Roches-Baritaud, par Chantonnay (Vendée).

Marcillac (E.), propriétaire-éleveur, à Tresses, par La Bastide (Gironde).

Maringe (Paul), propriétaire-éleveur, à Champlemy (Nièvre).

Maringe (René), propriétaire-éleveur, à Champlin, par Prémery (Nièvre).

Martin du Nord (Vicomte), 4, rue Royale, à Fontainebleau (Seine-et-Marne).

Martin (Charles), 8, rue Granvelle, à Besançon (Doubs).

Martin (E.), propriétaire, allée Fénelon, à Cahors (Lot).

Massé (Auguste), propriétaire-éleveur, à Germigny-l'Exempt (Cher).

Massiault (Vital), propriétaire-éleveur, à La Grange-Lecomte, par Tournes (Ardennes).

Maurel (Edouard), propriétaire, négociant, à Pézenas (Hérault).

May (Georges-Antoine), haras du Perray, Le Perray (Seine-et-Oise).

Mercé (Emile), propriétaire, clos de Mai, à Macau (Gironde).

Mercier (A.), 300, boulevard de Beauvillé, à Amiens (Somme).

Mérite agricole (Association du), 61, boulevard Barbès, Paris.

Meyranx, vétérinaire major de 1re classe, au 14e d'artillerie, 3, rue Jeanne-d'Albret, à Tarbes (Hautes-Pyrénées).

Mestreau (Mme), propriétaire-éleveur, cours National, à Saintes (Charente-Inférieure), et 6, rue Théodule-Ribot, Paris.

Métairie (Abel), propriétaire-éleveur, château de Fonfaye, par Châteauneuf-Val-de-Bargis (Nièvre).

Méténier (Emile), propriétaire-éleveur, président du Comice agricole de Bourbon-Lancy, à Cronat-sur-Loire (Saône-et-Loire).

Mézières (Cercle républicain et Comice réunis de l'arrondissement de) (Ardennes).

Moissonnière (R. de la), propriétaire-éleveur, à Montréal, par Monville (Seine-Inférieure).

Monicault de Villardeau (Pierre de), ingénieur agronome, propriétaire-agriculteur, à Versailleux (Ain), et 9, rue Jean-Goujon, Paris.

Morlé (Georges), propriétaire-agriculteur et éleveur, à Saint-Révérien (Nièvre).

Moulinet (Ovide), propriétaire-éleveur, à Saint-Léger-sur-Sarthe, par Le Mesle-sur-Sarthe (Orne).

Mun (Comte Albert de), de l'Académie française, 5, avenue de l'Alma, Paris.

Murat (Prince), propriétaire-éleveur, 28, rue de Monceau, Paris.

Naudin (Achille), agriculteur-éleveur, à Oulon, par Prémery (Nièvre).

Neuflize (Baron de), régent de la Banque de France, 7, rue Alfred-de-Vigny, Paris, et château de Soisy (Seine-et-Oise).

Neuville (Louis de), propriétaire-éleveur, président du Syndicat des Eleveurs de chevaux du Limousin (Creuse, Corrèze, Haute-Vienne), château de Combas, par Vicq (Haute-Vienne).

Nicard, propriétaire-éleveur, 14, quai Neuf, La Charité-sur-Loire (Nièvre).

Nicolay (Comte Roger de), 80, rue de Lille, à Paris, et château de Montfort-le-Rotrou (Sarthe).

Nieiul (Marquis de), commissaire de la Société sportive d'encouragement, 94, avenue Henri-Martin, Paris.

Nitot (Comte G.), propriétaire-éleveur, villa Nitot, à Pau (Basses-Pyrénées).

Nivière (Albert), éleveur, à Gouise, par Bessay-sur-Allier (Allier).

Noailles (Duc de), 26, rue de Pomereu, Paris, et château de Maintenon (Eure-et-Loir).

Nord (Société des Agriculteurs du), 12, rue Lepelletier, à Lille (Nord).

Olivier (A.), propriétaire-éleveur, à Port-Launay, par Couëron (Loire-Inférieure).

Orléans (Vicomte Maurice d'), haras de Buff, par Alençon (Orne).

Olry (Joseph), député, à Feurs (Loire), et 30, rue Péclet, Paris.

Papelier (A.), ancien député, président de la Société centrale d'agriculture de Meurthe-et-Moselle, 17, rue de la République, Saint-Mandé (Seine).

Papin (Robert), propriétaire-éleveur, président de la Société sportive d'encouragement, 78, boulevard Malesherbes, Paris, et à Mary-sur-Marne (Seine-et-Marne).

Pédebidou (Dr A.), sénateur, à Tournay (Hautes-Pyrénées), et 38, rue des Ecoles, Paris.

PERRET-ALLARD (P.), capitaine acheteur au dépôt de remonte de Fontenay-le-Comte (Vendée).

PERRIOT (Edmond), propriétaire-éleveur, à Margon, par Nogent-le-Rotrou (Eure-et-Loir).

PERROT (Gaston), propriétaire-éleveur, à Belgrave, par La Guerche-sur-l'Aubois (Cher).

PETIT (J.), 17, rue de la Palestine à Rennes (Ille-et-Vilaine).

PICHON (Louis), sénateur, 7, avenue de Villars, Paris.

PIGNARD-DUDÉZERT (F.), conseiller à la Cour d'appel de Paris, 37, rue Ampère, Paris; propriétaire-éleveur, à Brainville, par Gratot (Manche).

PIOGER (De), château de la Musse, par Baulon (Ille-et-Vilaine), et 7, rue Vézelay, Paris.

PITIOT, vétérinaire départemental, 7, rue Bardoux, à Clermont-Ferrand (Puy-de-Dôme).

PLANTADE, propriétaire-éleveur, à Saint-Laurent, par Port-Sainte-Marie (Lot-et-Garonne).

PLUCHET (Emile), propriétaire, à Roye (Somme).

PONTLEVOYE (S. de), président de la Société hippique du Bocage vendéen, château de Velaudin, par Bazoche-en-Pareds (Vendée).

PORCHEREL, chef des travaux de zootechnie à l'Ecole nationale vétérinaire de Lyon (Rhône).

POURTALÈS (Comte Hubert de), 2, rue de l'Elysée, Paris, et château de Martinvast (Manche).

POURTALÈS (Comte Paul de), 33, rue de Lisbonne, Paris.

PRACOMTAL (Comte Armand de), 92, avenue d'Iéna, Paris.

PRAT (Jean), propriétaire-éleveur, 85, boulevard Haussmann, Paris.

PRILLIEUX, ancien sénateur, membre de l'Institut, 14, rue Cambacérès, Paris.

PRUÈS, vétérinaire départemental du Gers, à Auch.

QUARRÉ (Henri), 76, boulevard Barbès, Paris.

QUEINNEC (Alain), vice-président de la Société hippique de Saint-Thégonnec, propriétaire-éleveur, Pen Ar Murion, à Morlaix (Finistère).

QUILLARD (G.), propriétaire-éleveur, à Villars-en-Azois, par La Ferté-sur-Aube (Haute-Marne).

RAQUET (Hector), professeur de zootechnie à l'Institut agricole de Gembloux (Belgique).

RAVIER, médecin-vétérinaire, à Saint-Mihiel (Meuse).

RAYNAUD (Emile), propriétaire-éleveur, château Ricaud, par Castelnaudary (Aude).

REMY (Henri), président de la Société des Agriculteurs de l'Oise, haras de Neuvillette, par Fresnes-l'Eguillon (Oise).

RICHARD (Théodule), agriculteur, à Ovillers-Solesme (Nord).

Riotteau, président de la Société d'encouragement pour l'amélioration du cheval français de demi-sang, sénateur, à Granville (Manche), et 10, rue de Sèze, Paris.

Robien (Comte de), 6, rue de Luynes, Paris, et à Saint-Ay (Loiret).

Rœderer (Comte), 5, rue Freycinet, Paris, et château de Bois-Roussel, par Essai (Orne).

Romanet (L. de), château de Mignardière, par Roanne (Loire).

Rouaïx (Maurice), château de Lavail, par Labastide-d'Anjou (Aude).

Roudel (Auguste), propriétaire-éleveur, 91, avenue Jeanne-d'Arc, à Bègles (Gironde), et 206, cours Saint-Jean, à Bordeaux.

Rousseau (C.), 15, rue des Corbeaux, Joinville-le-Pont (Seine).

Rousselle (Edouard), propriétaire-éleveur, à Servon-Tanis (Manche), et 99, rue du Bac, Paris.

Routier (Victor), propriétaire-éleveur, 152, rue Bréquerecque, à Boulogne-sur-Mer (Pas-de-Calais).

Rouvier (Paul), à Surgères (Charente-Inférieure).

Rozier (Philippe du), président du Syndicat des Eleveurs de chevaux de demi-sang en France, château du Petit-Jard, par la Ferté-Macé (Orne).

Sablé (Comice agricole du canton de), à Sablé (Sarthe).

Saint-Alary (E. de), 32, rue de la Ferme, à Neuilly-sur-Seine (Seine).

Saint-Jayme (F. de), conseiller général, à Saint-Palais (Basses-Pyrénées).

Saint-Malo-de-la-Lande (Comice agricole du canton de) (Manche).

Saint-Paul (Baron de), propriétaire-éleveur, à Hames-Boucres, par Guines-en-Calaisis (Pas-de-Calais).

Saint-Phalle (Comte de), rue du Pont, à Chennevières (Seine-et-Oise).

Saint-Quentin (Comte de), sénateur, château de Gravelles, par Bourguébus (Calvados), et 3, rue Magdebourg, Paris.

Saintes (Comice syndical agricole de) (Charente-Inférieure).

Salverte (Charles de), propriétaire-éleveur, à Compiègne (Oise).

Salverte (Roger de), 16, rue de la Ville-l'Evêque, Paris, et château de Rouvres, par Fauverney (Côte-d'Or).

Sampieri (Comte Ch.), 116, rue de la Faisanderie, Paris.

Sancet, sénateur, 33 *bis*, rue Denfert-Rochereau, Paris.

Sarrien (Ferdinand), sénateur de Saône-et-Loire, ancien président du Conseil des Ministres, 22, avenue de l'Observatoire, Paris.

Segonzac (Baron de), château de Sorel, par Ressons (Oise).

Seité (H.), propriétaire-éleveur, à Santec, par Roscoff (Finistère).

Sempé (Joseph), propriétaire-éleveur, maire de Labatut-Rivière-Basse (Hautes-Pyrénées).

SÉVÈRE (Yves), propriétaire-éleveur, à Kérourgan, en Saint-Pol-de-Léon (Finistère).

SEVIN (Roger de), directeur de dépôt d'étalons, à Pau (Basses-Pyrénées).

SIGNORET (Charles), propriétaire-éleveur, à Sermoise, par Nevers (Nièvre).

SIMON (Albert), constructeur de machines agricoles, à Cherbourg (Manche).

SIMON (Auguste), constructeur de machines agricoles, à Cherbourg (Manche).

SIMON (E.), propriétaire, à Marcelcave (Somme).

SOLAND (Maurice de), 4, rue Chomel, Paris.

SOLDEVILA (Louis), propriétaire-agriculteur, 12, Paseo San Juan, à Barcelone (Espagne).

SONGEONS (Comte de), place d'Austerlitz, Compiègne (Oise).

STERN (Jean), propriétaire-éleveur, 44, rue de Villejust, Paris.

STOLPE (Casimir de), délégué du Congrès hippique de Moscou, 32, Krakowski, à Varsovie (Pologne russe).

SUBERBIE (L.-G.), médecin-vétérinaire, 22, cours Bosquet, à Pau (Basses-Pyrénées).

SUREAU, propriétaire, à Gaillac (Tarn).

SYNDICAT DES ÉLEVEURS DE CHEVAUX DE DEMI-SANG EN FRANCE, 5, avenue de l'Opéra, Paris.

SYNDICAT DES ÉLEVEURS DE CHEVAUX DU LIMOUSIN (Creuse, Corrèze et Haute-Vienne), 2 *bis*, cours Jourdan, à Limoges (Haute-Vienne).

TACHEAU fils aîné, propriétaire-éleveur, à La Ferté-Bernard (Sarthe).

TEIL (Baron du), président de la Société hippique française, 3, avenue d'Antin, Paris, et château du Perthuis-de-Charnay, par Mâcon (Saône-et-Loire).

THIBAULT (J.), propriétaire-éleveur, à Larré, par Hauterive (Orne).

THIÉRY DE CABANES, propriétaire-éleveur, à Barbanthal, par Marcilly-sur-Seine (Marne).

THOME (Léon), député, 8, avenue du Bois-de-Boulogne, Paris.

TISSERAND (Eugène), directeur honoraire de l'Agriculture, conseiller-maître honoraire de la Cour des Comptes, membre de l'Institut, 17, rue du Cirque, Paris.

TOCQUEVILLE (Comte de), propriétaire-éleveur, 4, rue de Chanaleilles, Paris, et château de Tocqueville, par Saint-Pierre-Eglise (Manche).

TOUCHARD (Ch.), propriétaire-éleveur, à la Fresnaye-sur-Chedouet (Sarthe).

TOURSEL, propriétaire-éleveur, domaine de Bossicau, par Vendeuvre (Aube).

Tracy (Marquis de), propriétaire-éleveur, haras de Paray-le-Frésil, par Chevagnes (Allier), et 37, rue La Boëtie, Paris.

Tredjeu-Durand (M. et Mme), propriétaires, à Biron, par Orthez (Basses-Pyrénées).

Troadec (Jean-François), propriétaire-éleveur, à Kerabret, par Cleder (Finistère.

Trousselle (Roger), 17, avenue Malakoff, Paris.

Vacher (Marcel), ancien député, président de l'Association syndicale des Eleveurs français, 82, avenue de Breteuil, Paris, et à Montmarault (Allier).

Vallée, directeur de l'Ecole nationale vétérinaire d'Alfort (Seine).

Veil-Picard (Edmond), propriétaire-éleveur, 76, avenue de Wagram, Paris.

Vendeuil (Félix), secrétaire du Syndicat des Eleveurs de chevaux du Limousin, Le Dorat (Haute-Vienne).

Verdun (Société d'agriculture de l'arrondissement de) (Meuse).

Vernudachi (Démétrius), 16, rue Chauveau-Lagarde, Paris.

Veil (Albert), propriétaire-éleveur, maire, à Mondeville (Calvados).

Vienne (Comice agricole de) (Isère).

Vigouroux-Kernéis, propriétaire-éleveur, à Dirinon (Finistère).

Villiers (Emile), député, 2 *bis*, square du Croisic, Paris.

Vinet, sénateur d'Eure-et-Loir, 12, rue Lamennais, Paris.

Viseur, sénateur du Pas-de-Calais, à Arras.

Wallet (Adrien), haras de la Gaillarderie, par Noisy-le-Roi (Seine-et-Oise).

Warin (Paul), avocat, 32, rue David-Johnston, à Bordeaux (Gironde).

Wazières (De), propriétaire-éleveur, à Foufflin-Ricametz, par Saint-Paul-sur-Ternoise (Pas-de-Calais).

Séance du Jeudi 18 Juin 1914

Présidences successives
de M. EMILE LOUBET *et de* M. le baron DU TEIL

Le 10e Congrès hippique de Paris, organisé par la Société nationale d'encouragement à l'Agriculture, s'est ouvert à l'Hôtel Continental, le jeudi 18 juin, à 4 h. 1/2, sous la présidence de M. EMILE LOUBET, ayant à ses côtés MM. Gomot, Sarrien, général de La Garenne, Tisserand, Cyprien Girerd; de Lagorsse, secrétaire général du Congrès; marquis de La Garde, Gustave Barrier, Charles de Salverte, Decker-David, Lavalard.

Parmi les nombreux assistants, on remarquait :

MM. Augé, Frédéric Bardin, Louis Baume, Armand Bory, Bornot, Jules Bénard, Bourgne, Brancher, Bachelet, Boulanger, René Berge, comte Becci, Baltazzi, François Caquet, Auguste Calvet, André Colliez, Charles Chaize, Cauchois, J. Caillaud, Georges Dethan, Gaston Deschamps, Dauzats, comte Dauger, Denoix, Octave Dubois, Druet, L. Ducru, Donjon de Saint-Martin, Dechambre, docteur Even, Emmanuel Frézier, docteur Fontaine, marquis de Ganay, Garrigou-Larriale, Girard, commandant Guillet, Alfred Gallier, G. Gautier, baron de Hennet, H. Hamet, Hermès, Hamelin, Joly, Albert Le Play, docteur Albert E. Le Play, Auguste Laurent, La Bayle,

Labussière, Labrouche, comte Jean Le Gonidec, Salomon Lazard, Lesourd, baron de Ladoucette, Lucas ; Martin, représentant le Comice agricole de Laval ; Meyranx, Mirande, commandant Martin du Nord, L. Mathieu, Magenc ; Masseron, représentant le Syndicat des Agriculteurs de la Mayenne ; comte L. de Maleissye, Louis de Neuville, Pichon, de Ponlevoy, Prillieux, de Pioger, G. Quilliard, Henry Rémy, H. Raquet, Rozeray, Roger de Salverte, de Soland, Séguin, Jean Stern, Suberbie, baron de Segonzac, Vallée, Viel, Vernudachi, Warin, etc., etc.

ALLOCUTION DE M. LE PRÉSIDENT

M. le Président Emile Loubet prononce l'allocution suivante :

MESSIEURS,

Les nécessités du Concours central des races chevalines nous obligent à remettre à une heure un peu tardive l'ouverture de notre Congrès, mais elles n'empêchent pas un grand nombre de nos amis de se rendre ici. Je les en remercie et les en félicite, car ils témoignent ainsi de l'intérêt qu'ils attachent aux questions que nous traitons.

C'est la dixième fois que nous sommes réunis.

En créant le Congrès hippique de Paris, nous nous proposions d'encourager de toutes les façons la production et l'élevage du cheval en France. Nous voyions, avec une très grande peine, la production diminuer et l'exportation tomber à des chiffres qui étaient très bas, puisque, une année, nous avons exporté seulement 26.000 chevaux.

Nous avons pensé que le premier besoin pour l'élevage du cheval, c'était de faire l'accord entre tous les producteurs, quels qu'ils fussent. En nous réunissant tous ensemble, il y avait de grandes chances que cet accord se fît. Les rivalités, les luttes ne naissent, ne s'aggravent, ne s'enveniment, que lorsqu'on ne se connaît pas ; au contraire, lorsqu'on se réunit, les efforts sont généralement couronnés de succès.

C'est ce qui a été réalisé, d'ailleurs.

Notre production et notre exportation ont, pendant quelques années, pris de plus en plus de développement. Malheureusement, depuis trois ans, notre exportation traverse une période de dépression. Je vous citerai tout à l'heure quelques chiffres, car notre Secrétaire général, avec une ténacité que rien ne peut vaincre, fait toujours figurer à l'ordre du jour de notre première réunion la statistique, donnée par moi, de nos exportations et de nos importations. Je ferai également la comparaison entre l'automobilisme et la production chevaline.

Pour la production chevaline, ma documentation n'est pas absolument complète. Il faudrait savoir le mouvement de la production et de la consommation intérieure, et c'est un élément qui me manque. On peut y suppléer par approximation, car, pour avoir des chiffres exacts, il faut attendre la publication officielle que M. le Ministre des Finances nous livre chaque mois.

L'exportation de nos chevaux, pendant les trois dernières années, s'est manifestée par les chiffres suivants :

En 1911, nous avons exporté 35.046 chevaux et 17.760 mules et mulets, soit, au total, 52.806 animaux.

Il y a quelques années, nous touchions à la soixantaine de mille. J'avais l'espérance, qui a été déçue, de pouvoir annoncer ce chiffre à un prochain Congrès. C'est le contraire qui s'est produit. Ce sont des choses qui arrivent quelquefois, même en dehors de la statistique. (*Sourires.*)

En 1912, le chiffre des exportations est tombé à 50.885 : 36.236 chevaux, 14.649 mules et mulets.

En 1913, il est tombé encore plus bas : 47.127, se décomposant en 31.408 chevaux et 15.719 mules et mulets.

La valeur des chevaux et mules exportés a été la suivante, pendant ces trois dernières années :

	1913	1912	1911
Chevaux	33.347.000 fr.	38.243.000 fr.	34.751.000 fr.
Mules et mulets. .	11.789.000 fr.	10.987.000 fr.	12.432.000 fr.
TOTAL . . .	45.136.000 fr.	49.230.000 fr.	47.183.000 fr.

Pour les quatre premiers mois de 1914 — pour le cinquième mois, je ne connaîtrai les chiffres que la semaine prochaine —

la quantité de chevaux, mules et mulets exportés a été seulement de 13.075 (10.149 chevaux et 2.926 mules et mulets); l'année dernière, elle était de 15.541 (13.328 chevaux; 2.213 mules et mulets); en 1912, elle était de 18.567 (14.678 chevaux; 3.889 mules et mulets).

Quant à la valeur des exportations pendant les quatre premiers mois de l'année, elle est représentée : en 1912, par 17.983.000 fr.; en 1913, par 18.018.000 fr.; en 1914, par 14.515.000 fr.

Quels enseignements peut-on tirer de l'examen de ces chiffres? Il est difficile d'en déduire des conclusions bien certaines. Il y a, cependant, un élément qu'il ne faut pas négliger et qui, je crois, compense et détruit, en partie au moins, la mauvaise impression qu'ils produisent.

Sans doute, dans les trois dernières années, et spécialement dans les quatre premiers mois de cette année, nous avons vu diminuer notablement le chiffre de nos exportations; mais quelle a été la consommation intérieure? Je voudrais bien savoir exactement les achats que l'armée a effectués dans ces trois dernières années et surtout en 1913 et dans le premier trimestre de l'année 1914, car, ces chiffres venant s'ajouter aux chiffres de l'exportation, la perte, qui apparaît considérable, s'atténue, diminue et peut-être disparaît si on fait cette opération.

Voilà une première réflexion.

La seconde réflexion, c'est qu'en présence de semblables constatations, il ne faut négliger aucun effort pour augmenter la production, d'autant plus que la consommation y trouve son intérêt, car les prix n'ont pas baissé avec les chiffres ou avec la diminution apparente des chiffres. Le relèvement des prix payés par la Remonte, dû aux votes émis par le Parlement, a eu une répercussion sur la production, qui va à l'agriculture, au commerce et à l'industrie. Les chevaux n'ont pas subi la dépréciation d'autres marchandises.

Quant aux mules — que je connais un peu mieux, parce que je vis davantage au milieu d'elles — je vous assure qu'on les paye toujours de plus en plus cher. Par conséquent, les efforts que nous ferons sont légitimés par les encouragements qui sont donnés, par les prix qui sont obtenus et par la nécessité de plus en plus impérieuse de lutter contre la crainte de l'introduction de produits étrangers. Cette crainte, elle est légitime, car je constate qu'à mesure que nos exportations diminuent, les importations de l'étranger augmentent. Voici les chiffres des importations dans les trois dernières années :

En 1913, il a été importé 13.752 unités, chevaux et mules (celles-ci en petit nombre). En 1912, il n'en avait été importé que 8.802 ; en 1911, 10.818.

Pour les quatre premiers mois de 1914, l'importation est de 3.433 chevaux et de 182 mules, ce qui indique que, si les deux autres tiers de l'année sont à peu près semblables, l'importation, au lieu d'être de 8.802, comme en 1912, sera de 12, 13 ou 14.000. En 1913, l'importation pendant les quatre premiers mois n'avait été que de 1.973 unités (1.826 chevaux, 147 mules) et, en 1912, de 1.868 (1.731 chevaux, 137 mules).

Quant aux valeurs des chevaux et mules importés, nous avons pour les quatre premiers mois de 1914, 3.329.000 fr. ; de 1913, 1.734.000 fr. ; de 1912, 1.490.000 fr.

Donc, la valeur des importations s'accroît et la valeur des exportations diminue. Cette augmentation et cette diminution sont corrélatives à l'augmentation et à la diminution des quantités importées ou exportées. C'est un phénomène qui doit être constamment présent à l'esprit de tous ceux qu'intéresse la prospérité de la France.

Pour les automobiles, nous avons craint beaucoup, à une époque, que le développement de notre traction mécanique ne portât un rude coup à la production et à la consommation chevaline. Voici quels sont les chiffres pour les dernières années et vous allez voir que, par un phénomène singulier qui s'explique, d'ailleurs, le chiffre des exportations, qui est allé en s'accroissant dans une proportion formidable jusqu'à l'année dernière, marque, dans les quatre premiers mois de cette année, une dépression plus considérable encore que celle de l'espèce chevaline.

En 1913, nous avons exporté 272.748 automobiles ; en 1912, 257.925 ; en 1911, 201.497.

En valeur : tandis qu'en 1911, on exportait pour 166.106.000

francs, on exportait, en 1912, pour 217.194.000 fr., et, en 1913 pour 230.871.000 fr.

Je fais remarquer que, dans ces chiffres, ne figurent que les automobiles ; les machines destinées aux chemins de fer ou aux tramways ne sont pas comprises.

Dans les quatre premiers mois de 1912, on a exporté 81.644 automobiles ; en 1913, 95.115 ; en 1914, 77.875 seulement (ce qui représente, en valeur, 68.129.000 fr. en 1912, 80.009.000 fr. en 1913 et 66.713.000 fr. en 1914).

Voilà pour l'exportation.

Quant à l'importation, elle fait autant de progrès que l'importation des chevaux : tandis qu'en 1912, l'importation était de 14.119 machines (12.530.000 fr.), elle était de 21.626 en 1913 (14.570.000 fr.) et elle est de 27.509 en 1914 (20.705.000 francs).

Donc, l'importation des automobiles augmente et l'exportation diminue. Elle diminue à partir de 1914 seulement pour les automobiles; elle diminue depuis 1911 pour les chevaux.

Messieurs, j'ai dit tout à l'heure ce qu'il fallait retenir de ces chiffres en ce qui concerne la production chevaline, celle qui nous intéresse plus particulièrement; je veux maintenant dire un mot de la crise qui menace l'automobilisme.

Elle est due aux mêmes causes. Elle est due à des causes générales qui affectent et affecteront, je le crains bien, pendant quelques années encore, la production, le commerce et l'industrie en général. Il faudrait faire des efforts — les vœux ne suffisent pas — pour faire naître une confiance qui fait un peu défaut. Il faudrait prêcher autour de nous pour faire comprendre qu'un pays ne peut pas s'accommoder de perpétuelles alarmes et de craintes sans cesse renouvelées. (*Applaudissements.*) Il faudrait surtout se rendre bien compte que lorsque des charges nouvelles considérables viennent s'ajouter au prix antérieur de la production des automobiles comme des chevaux, cela a une répercussion qui est inévitable. Il faut émettre des vœux, d'abord, et exercer une pression, une pression légale, constitutionnelle, raisonnable, auprès des Pouvoirs publics et des représentants de la nation pour que, en présence de nécessités que personne ne saurait contester, on prenne le plus grand soin de ne pas faire des finances nouvelles — je ne voudrais pas dire un mot qui pût être mal interprété — mais un système fiscal qui portât surtout et presque uniquement sur la production. (*Applaudissements.*) On courrait le risque d'avoir de graves mécomptes.

Espérons que la sagesse, qui n'a jamais déserté la France, ne la quittera pas et qu'elle inspirera ceux qui seront appelés à édicter ces mesures fiscales et économiques. Faisons des vœux pour que le ciel les éclaire et tâchons, en attendant, de les éclairer nous-mêmes (*Sourires.*) en leur parlant directement, en essayant de faire comprendre à tous les nécessités qui s'imposent à l'agriculture, au commerce et à l'industrie. Nous aurons ainsi rempli la mission que nous nous sommes donnée à nous-mêmes, il y a dix ans — car nous n'avons reçu de mandat de personne — mission que nous continuons à considérer comme heureuse, utile et fructueuse pour notre pays. (*Applaudissements vifs et prolongés.*)

RAPPORT DE M. DE LAGORSSE

M. de Lagorsse, secrétaire général du Congrès :

MESSIEURS,

J'ai à vous entretenir brièvement de l'action de notre Congrès. C'est le dixième que nous tenons, l'importance des questions que soulève la production chevaline, les changements d'orientation qu'elle subit, ayant nécessité, depuis 1905, un congrès annuel. A ce moment là, une division regrettable qui régnait entre les éleveurs, les menaces de l'automobilisme rendaient singulièrement opportune la création du Concours central des races chevalines et d'un Congrès hippique l'accompagnant et en étant comme le corollaire.

Mon dessein n'est pas de rappeler les résultats de ces deux institutions connexes. Aujourd'hui, le Concours central des races chevalines, plus nombreux que jamais, constitue un marché mondial des plus importants et le Congrès hippique de Paris veille, avec un soin jaloux, à l'étude des questions si complexes et si variées concernant l'élevage national. (*Très bien ! Très bien !*)

Au milieu des transformations qu'il subit, nous sommes heureux de constater que l'éleveur, un moment découragé, reprend espoir. Aujourd'hui, grâce à l'augmentation du prix d'achat du cheval d'armes (250 francs), cette production, si nécessaire à la défense de la patrie, devient rémunératrice. Nous en avons pour preuve l'augmentation considérable du nombre des saillies à nos dépôts nationaux comme dans les haras particuliers.

Ça été, là, la réalisation du vœu le plus important de notre Congrès de 1913. Je passe sous silence d'autres vœux accessoires, pour ne pas retarder la discussion des rapports inscrits pour la séance.

Vous n'avez pas oublié le rapport si documenté de M. Gustave Barrier, sur le doping. Nous sommes heureux de constater que le jugement rendu, ces jours derniers, par la première Chambre du Tribunal de la Seine, donne satisfaction au vœu présenté par M. Barrier à notre Congrès de 1913. (*Applaudissements.*)

Au cours de l'année, nous avons été saisi par M. Raynaud, député, de la demande de création, dans notre Congrès, d'une section arabe, anglo-arabe de pur sang et anglo-arabe de demi-sang qualifiés. Le Bureau du Congrès s'est montré favorable à la création de cette nouvelle section. Vous entendrez à ce sujet un rapport de M. Charles de Salverte.

Tels sont, Messieurs, les renseignements sommaires que je tenais à vous donner aujourd'hui. (*Nouveaux applaudissements.*)

*
* *

J'ai également à vous entretenir, en quelques mots, de la question des concours de races chevalines.

En ce moment, le Ministère de l'Agriculture étudie la refonte de nos concours de races bovines, ovines et porcines, en province, qui complètent, depuis longtemps, le Concours général des reproducteurs du bétail, à Paris. On se demande si, tout en maintenant avec un soin jaloux le Concours central des races chevalines, de Paris, il ne conviendraient pas de tenir, en province, quelques concours dans les centres d'élevage de nos principales races.

Je me souviens qu'au temps des concours régionaux, il y a une vingtaine d'années, certains d'entre eux avaient un concours de chevaux, dirigé par l'Administration des Haras. C'est ce que nous pourrions demander au Ministère de l'Agriculture, sans qu'il soit touché en rien aux divers concours d'étalons, de poulinières et de pouliches, qui existent actuellement. (*Très bien ! Très bien !*)

Cette création nécessiterait, sans doute, de nouveaux crédits, que le Parlement ne refuserait certainement pas, quand on songe à l'amélioration qui en résulterait pour notre production chevaline.

Un vœu en ce sens, émis par notre Congrès, ne serait pas sans efficacité pour cette création nouvelle. (*Approbation unanime.*)

M. le Président. — Messieurs, je tiens à remercier M. de Lagorsse de la somme considérable de travail qu'il se donne, chaque année, pour l'organisation du Congrès hippique et pour le fonctionnement de la Société nationale d'encouragement à l'Agriculture. (*Vifs applaudissements.*)

On peut bien dire que c'est à lui que nous devons le succès de nos divers Congrès. (*Nouveaux applaudissements.*)

Son zèle et sa compétence sont constamment à l'épreuve. Quoique nous soyons vieux, puisque nous sommes deux des quelques survivants de la fondation de la Société nationale d'encouragement à l'Agriculture, lui, heureusement, est resté jeune. (*Vifs applaudissements.*)

De l'Orientation nécessaire du Cheval du Midi

M. Meyranx, vétérinaire major de 1re classe au 14e d'artillerie. — Messieurs, les travaux du Congrès hippique ont eu la plus heureuse influence sur les améliorations qui ont été apportées, pendant ces dernières années, aux diverses branches de l'élevage du cheval en France, et c'est parce que je sais combien les vœux que vous émettez sont pris en haute considération, que je viens exposer devant vous et soumettre à votre appréciation un plan de réformes concernant l'orientation à donner au cheval du Midi. Cette orientation, dont j'ai tracé les lignes directrices dans un mémoire présenté au Ministère de la Guerre, pour le concours annuel de 1912 entre les Vétérinaires militaires, aurait pour effet de mieux adapter la race aux besoins de notre époque. Je m'empresse d'ajouter qu'elle ne serait pas une révolution venant bouleverser tout l'élevage du Midi, mais une évolution nécessaire, fatale, j'en suis intimement persuadé.

« Le plus haut degré de perfectionnement est dans l'appropriation la plus complète des animaux aux services du temps », a dit Eug. Gayot. — Les observations que j'ai pu faire pendant ma carrière, et principalement pendant mon long séjour au dépôt de remonte de Tarbes, les avis autorisés que j'ai recueillis m'ont convaincu qu'on pouvait et qu'on devait mieux adapter encore qu'ils ne le sont déjà nos admirables chevaux du Midi aux services de la cavalerie légère et de ligne, leur principal, sinon leur unique débouché. Le but à atteindre intéresse donc la défense nationale, et c'est pourquoi je considère que c'est un devoir de vous dire comment, à mon avis, on peut arriver à cette meilleure appropriation.

Les anciennes races locales du Midi se sont toutes fusionnées en une seule : la race anglo-arabe, et c'est d'elle qu'il s'agit, lorsqu'on parle du cheval du Midi. Dans l'anglo-arabe, il faut comprendre à la fois le pur sang et le demi-sang, et vous en verrez les raisons au cours de ma communication.

L'anglo-arabe est né, d'une part, de l'insuffisance de l'arabe, aux points de vue de la taille et de la vitesse, pour nos besoins actuels et, d'autre part, de la trop grande exigence de l'anglais. On a donc cherché à créer une race intermédiaire qui a pris à l'arabe sa rusticité, sa docilité et son fond, et à l'anglais, la taille, l'allongement des lignes et une vitesse plus grande, réalisant ainsi les conditions physiques et morales à rechercher dans le cheval d'armes : le sang sous une conformation robuste et équilibrée, l'endurance jointe à la sobriété et à la docilité.

C'est à Eug. Gayot que revient le mérite de la formation raisonnée de l'anglo-arabe, d'abord par des croisements alternatifs entre les deux races mères : arabe et anglaise, et, plus tard, par la sélection. Au bout d'une quinzaine d'années, l'œuvre de ce savant zootechnicien était déjà prospère, lorsqu'un changement dans la Direction des Haras la fit abandonner et même détruire en 1852.

Après nos désastres de 1870, on revint à l'anglo-arabe et l'Administration des Haras, principalement depuis sa réorganisation en 1874, s'est attachée à reconstituer cette race. Les deux mêmes méthodes : croisement et sélection, ont été employées, mais cette dernière trop timidement, à mon sens.

Depuis quarante ans, on continue sans rien changer, de sorte que nous avons une race anglo-arabe qui a, c'est incontestable, beaucoup de qualités, mais à laquelle l'homogénéité fait totalement défaut.

Comment pourrait-il en être autrement, les produits étant obtenus : 1° par des croisements entre les races arabe et anglaise, ou par des croisements de l'une d'elles avec l'anglo-arabe, et 2° par des mariages entre reproducteurs anglo-arabes de l'un et de l'autre sexe. D'où deux divisions : les croisés et les sélectionnés.

Les dosages de sang arabe et de sang anglais établissent deux autres divisions : les 50 % et les 25 %. Les premiers sont ceux chez lesquels les deux sangs sont dosés à parties égales et les seconds ceux qui ont 25 % de sang arabe contre 75 % de sang anglais. Les fractions 25 et 50 sont les minima exigés pour la qualification des produits. Les deux catégories 25 % et 50 % existent également pour les demi-sang, qui ne diffèrent des pur sang que parce qu'ils ont, dans leur ascendance, un ancêtre non tracé. Ainsi l'a réglementé un arrêté ministériel qui a eu son utilité, mais qui ne l'a plus aujourd'hui.

La nature, en effet, surtout dans un milieu tel que le Sud-Ouest, éminemment favorable à la fusion des deux sangs : arabe et anglais, ne fait pas les dosages comme on les établit sur le papier et il faut remonter parfois bien loin pour trouver l'ancêtre de demi-sang. Je vais vous en citer un exemple typique : celui de l'étalon de demi-sang *Gladiator*, qui n'a qu'une tache de demi-sang dans son pedigree ; elle lui vient d'un aïeul de demi-sang, *Sheban*, importé d'Orient en 1834 ! Peut-on dire sérieusement que cet étalon soit de demi-sang ? D'ailleurs, l'Administration des Haras, qui fixe elle-même les conditions des courses d'anglo-arabes ne doit pas attacher une grande importance à la différenciation des pur sang et des demi-sang, ces derniers pouvant courir avec les premiers, sauf dans les prix donnés par la Société d'Encouragement. Les demi-sang du Midi sont maintenant si affinés, qu'il est bien difficile, pour ne pas dire impossible, même à l'œil le plus exercé, de distinguer le demi-sang du pur sang anglo-arabe. N'en concluons pas cependant que l'homogénéité si désirable dans toute race bien adaptée existe chez nos anglo-arabes. Les uns retournent trop à l'anglais et les autres trop à l'arabe. Il y a là une sorte de mal fondu qu'il importe de faire disparaître si l'on veut conserver à la race la conformation et les qualités qui ont motivé sa création. Le moyen à employer est simple : c'est la sélection. Je sais fort bien qu'on pourra m'objecter qu'il y a, dans les écuries de nos dépôts d'étalons du Midi, un bon nombre d'anglo-arabes sélectionnés et que je ne fais passez-moi l'expression — qu'enfoncer une porte ouverte. Il n'en est rien cependant, car si la porte est ouverte, elle ne l'est que bien peu, tandis qu'il faudrait l'ouvrir largement, à deux battants. Je voudrais, en un mot, que l'Administration des Haras imprimât à la production de l'anglo-arabe une direction telle que la sélection devint, en quelque sorte, la méthode officielle, tandis que les croisements ne seraient plus que l'exception.

La sélection. — La sélection est une méthode sûre qui met à l'abri des retours en arrière, qui donne l'homogénéité, qui maintient en les renforçant les qualités acquises, qui améliore méthodiquement la race en dedans d'elle-même, qui a, de plus, le précieux avantage de l'adapter au milieu dans lequel elle doit évoluer. Son seul défaut, c'est d'être d'une longue durée. Mais pour l'anglo-arabe, ce défaut n'est pas à craindre ; nous ne sommes plus à la période de début fort heureusement, et avec les reproducteurs de choix, mâles et femelles, qui existent, on peut faire hardiment de la sélection.

Aussi bien la race en est-elle arrivée à ce que Gayot appelle *le deuxième âge d'une race nouvelle*, c'est-à-dire à la période où elle peut vivre de son existence propre et indépendante. Elle possède, en effet, le reproducteur exceptionnel, l'individualité hors ligne qui, par sa puissance héréditaire, lui permet de se suffire à elle-même et de posséder désormais les instruments de « sa génération et de sa propre conservation ». C'est l'étalon *Prisme*, pur sang à 25 %, par *Vignemale* et *Prima*, fille du célèbre étalon oriental *Emir*, donné par Abd-el-Kader à Napoléon III. *Prisme*, né à Allier, dans la plaine de Tarbes, en 1890, fait la monte depuis 1895 au haras de Gélos (Pau). Admirablement conservé, il est encore vigoureux à la saillie et a fourni aux Haras nationaux : 115 étalons, tant fils que petit-fils et arrière-petit-fils. Il transmet sûrement à sa lignée la vitesse, le fond, la belle conformation de ses épaules et sa descente de poitrine, autant de qualités qui en font des chevaux de selle parfaitement équilibrés.

La sélection nous donnera des chevaux de guerre et des chevaux de chasse incomparables. A ce propos, je me permets d'en appeler au témoignage si autorisé de M. Charles de Salverte. Ne vous disait-il pas, l'an dernier, combien les anglo-arabes étaient appréciés aux chasses de Pau ; combien ils étaient vites, intelligents, adroits, calmes sur l'obstacle autant que des irlandais, mais avec plus de sang ? Cette aptitude au saut, qui dénote la puissance, est précieuse et doit être cultivée, si je puis ainsi parler, par des courses d'obstacles, dont il sera question dans un instant. — Après vous avoir dit tous les avantages de la sélection, j'aborde la série des réformes nécessaires pour la réaliser et je ne me dissimule pas qu'elles vont se heurter à des difficultés et à des résistances sérieuses. Il y a là une routine à vaincre et des intérêts particuliers à combattre, qui ne manqueront pas de lutter contre l'intérêt général que je soutiens, sinon habilement, du moins avec une entière indépendance et le sentiment d'un devoir à remplir. Ces réformes se rattachent aux courses d'anglo-arabes, au Stud-Book de la race, aux fraudes qui lui nuisent, aux encouragements à la jumenterie et au recrutement des étalons. Je dois vous dire tout d'abord que pour cette partie de ma communication, j'ai pu me documenter dans un remarquable travail encore inédit, dont l'auteur est M. Labrouche, ancien officier de cavalerie, propriétaire d'une des plus importantes écuries de courses du Sud-Ouest et mon ami. M. Labrouche s'est adonné depuis une dizaine d'années à l'élevage de l'étalon anglo-arabe de qualité, et y réussit, puisqu'il vend, chaque année, plusieurs reproducteurs à l'Administration des Haras. Sa compétence en la matière est donc indiscutable. Aussi n'ai-je pas hésité à lui emprunter, en totalité pourrais-je dire, les détails des réformes concernant les courses, le Stud-Book et les fraudes. Ne voulant pas m'attribuer la paternité de ce qui n'est pas de moi, je remercie M. Labrouche de m'avoir autorisé à puiser très largement dans son travail. Il l'a fait d'autant plus volontiers, d'ailleurs, que nous nous sommes trouvés, sur presque tous les points, en communauté d'idées.

Les courses. — Le but des courses d'anglo-arabes, comme celui des autres courses, du reste, est de faire connaître les meilleurs reproducteurs des deux sexes, et, par conséquent, d'améliorer la race par eux. Il faut donc veiller à ce que ces épreuves ne dévient pas de leur objet : il ne peut y avoir, à ce sujet, aucune divergence.

Actuellement, les anglo-arabes courent dans leur année de trois ans, du mois de mars à la fin octobre, en courses plates et sur des distances variant entre 1.800 et 2.400 mètres. Aucun prix n'est spécialement réservé aux juments et, dans certaines épreuves, les arabes sont admis avec les anglo-arabes.

L'Administration des Haras fixe les conditions des courses, dont les allocations sont données, par le Gouvernement : 85.000

francs ; par la Société d'Encouragement : 65.000 francs ; par la Société Sportive d'Encouragement : 85.750 francs ; par la Société des Steeple-Chases : 36.300 francs ; ce qui donne un total de 272.050 francs, auquel il faut ajouter certaines autres subventions des départements, des sociétés particulières de courses, oscillant entre 25.000 et 60.000 francs, soit en moyenne 30.000 francs.

Le budget annuel des courses d'anglo-arabes est donc de 300.000 francs environ. C'est, il faut le reconnaître, bien peu pour encourager une race qui remonte nos régiments de cavalerie légère et une partie de nos régiments de dragons !

Mais ce n'est pas sur ce point intéressant, toutefois, que je veux appeler surtout votre attention. C'est sur l'évolution du modèle de l'anglo-arabe par les courses actuelles.

Les courses de chevaux de pur sang anglais ont leur répercussion sur celles des anglo-arabes et elle est néfaste. On ne se préoccupe plus aujourd'hui que de la vitesse, et pour l'obtenir chez les anglo-arabes, on la demande par tous les moyens : licites et frauduleux, à la race qui la donne, au pur sang anglais. La tenue, on n'en a plus nul souci et c'est cependant l'endurance, le fond, qui sont à rechercher pour les chevaux d'armes et que réclament ceux qui s'en servent. On ne saurait pas, j'imagine, leur refuser le droit d'émettre leur avis sur cette question où ils sont les premiers intéressés.

Les propriétaires d'écuries de courses d'anglo-arabes donnent leur préférence — on ne peut pas leur en faire un grief — aux poulains qui galoperont toujours plus vite et dont le modèle se rapproche fatalement du pur sang anglais de nos jours. C'est la vitesse qui est la principale cause des fraudes, des truquages, pour employer l'expression courante, qui portent un si grand préjudice à la race anglo-arabe.

Je ne vous redirai pas toutes les critiques que des hommes d'expérience et de science ont adressées et adressent au pur sang anglais uniquement sélectionné sur la vitesse. Je me contenterai de rappeler à votre souvenir le rapport qui vous a été présenté le 19 juin 1909, par M. le professeur Barrier, l'éminent inspecteur général des Ecoles vétérinaires. « Pour un cheval, vous disait-il, il n'y a pas plusieurs moyens d'aller toujours plus vite : il faut qu'il allégisse son corps, qu'il allonge ses membres et qu'il répète le plus possible son action, ce qui le rend fatalement plus grand, fluet et trop nerveux; trois qualités pour un cheval de jeu; trois défauts pour un reproducteur, qui doit conserver de l'étoffe, du membre et de la docilité. » Ce n'est pas ce cheval qui peut être l'étalon de croisement si utile pour l'amélioration de nos races de selle. Les anglo-arabes issus de ces reproducteurs sont, eux aussi, trop grands, trop fluets, trop nerveux, trop exigeants, avec une membrure grêle et des aplombs généralement défectueux.

Les admirateurs quand même du pur sang actuel ne manquent pas de dire à ceux qui ne sont pas de leur avis — combien de fois ne l'ai-je pas entendu — : « Vous critiquez les membres grêles, les mauvais aplombs. Est-ce que cela empêche les chevaux de galoper? Vous retardez ou vous êtes des rétrogrades. » Eh bien, non, nous ne sommes pas des rétrogrades; c'est parce que nous voulons le progrès que nous répétons : Prenez garde ! Vos galopeurs montrent une vitesse extraordinaire, nous en convenons; mais à quels besoins, autres que le jeu, répond-elle et qu'ont-ils de plus? Ils sont très vites sur le terrain choisi et bien entretenu des pistes de courses, sous un poids léger et sur une très courte distance; leurs mauvais aplombs sont corrigés ou au moins très atténués par des bandes artistement ajustées, par des guêtres et tout un arsenal de petits appareils très ingénieux; mais ils ne pourront pas donner à leur fils ce qu'ils n'ont pas : le fond et la robustesse indispensables aux chevaux d'armes, qui doivent marcher pendant de longues heures, par tous les temps, à travers pays, dans tous les terrains, à toutes les allures et sous un gros poids; la rusticité et la docilité sans lesquelles on n'a pas un bon cheval de guerre, souvent obligé, par la force des choses, de se contenter, après un travail très pénible, de la portion congrue, et toujours privé des soins méticuleux donnés aux galopeurs d'hippodrome; des aplombs corrects que le cheval doit avoir sans recourir à tous ces accessoires plus ou moins orthopédiques qui ne sont que des impedimenta en campagne, où l'on en a toujours trop.

Si j'ai un peu insisté sur ces considérations, c'est pour bien montrer qu'il ne faut pas continuer à faire pour les courses d'anglo-arabes ce qu'on fait pour les anglais, sous peine d'avoir, dans quelques années, une nouvelle race de galopeurs uniquement sélectionnés sur la vitesse et inférieurs aux premiers. — L'anglo-arabe n'a pas été créé pour cela.

Il n'y a plus de temps à perdre et puisqu'il est bien démontré que l'évolution du modèle est intimement liée à la nature des épreuves, il faut que dans les courses d'anglo-arabes sélectionnés, l'équilibre, la puissance et la résistance passent avant la vitesse excessive. N'avons-nous pas, d'ailleurs, pour nous servir de guide dans cette voie, l'expérience des Anglais pour leurs hunters irlandais? Vous savez qu'ils ont obtenu ces excellents chevaux de chasse et de guerre, par conséquent, par l'emploi d'étalons de pur sang spéciaux, ne courant jamais à 2 ans, rarement à 3, mais surtout à 4, 5 ans et même au-delà, dans des hunt-steeple-chases, à travers pays, sur de gros obstacles et sous de gros poids. Voilà le genre d'épreuves dont il faudrait se rapprocher pour sélectionner les anglo-arabes.

Il est bien certain que ce n'est pas à 3 ans qu'ils pourront les aborder. Aussi la prolongation de leur carrière de course s'imposerait-elle, elle ne se terminerait qu'au mois d'octobre de leur 4e année et c'est seulement alors que seraient achetés cher, très cher même, les étalons anglo-arabes sélectionnés dont la qualité aurait été mise en évidence par ces épreuves.

Afin d'amener le développement progressif des futurs reproducteurs, les nouvelles courses devraient suivre elles-mêmes une progression que M. Labrouche fixe ainsi : Courses plates, jamais inférieures à 3.000 mètres, au début de la première année; augmenter peu à peu la distance jusqu'en juillet pour arriver alors à 4.000 ou 4.500 mètres; à partir de juillet, courses de haies de 4.000 à 4.500 mètres, et, à partir d'octobre, steeple-chases d'abord de 3.500 mètres, steeples dont la distance irait toujours en augmentant, si bien qu'à l'âge de 4 ans, il n'y aurait plus pour ces chevaux que des steeple-chases de 4.000 à 5.000 mètres avec de gros obstacles et sous de gros poids. Il n'y a aucune crainte à avoir au sujet de l'aptitude au saut des anglo-arabes, comme je l'ai dit il y a un instant.

Ce programme pourrait être appliqué à partir du mois de mars 1919, s'il était réglementé au plus tard le 1er janvier 1915.

Il n'est pas téméraire de prédire que ces épreuves pour anglo-arabes sélectionnés donneraient, en peu d'années, des reproducteurs de grand mérite, capables de faire progresser leur race. Pourquoi ces sélectionnés ne seraient-ils pas un jour les étalons de croisement que l'Administration des Haras ne trouve plus dans le pur sang anglais ?

Objections. — J'ai envisagé les objections qui pourraient être faites à cette orientation de l'anglo-arabe. Permettez-moi de vous les énumérer et d'y répondre brièvement, car je ne veux pas abuser de votre attention.

1° N'y a-t-il pas à craindre que l'anglo-arabe obtenu par la sélection seule ne dégénère, ne s'abâtardise ? C'est là, à mon avis, une crainte chimérique. Le sang des deux races mères qui coule dans les veines de l'anglo-arabe ne peut pas diminuer de qualité avec les épreuves de puissance, d'équilibre et de résistance que je voudrais voir réglementer. De plus, le Midi de la France constitue un milieu qui pousse plutôt vers l'affinement. D'ailleurs, admettons que cette crainte se réalise un jour. N'y aura-t-il pas dans nos dépôts d'étalons du Sud-Ouest, d'une part, l'anglais et, d'autre part, l'oriental pour retremper la race dans l'un ou dans l'autre sang si le besoin s'en fait sentir ? Faire disparaître complètement les étalons anglais et les étalons orientaux serait de la dernière imprudence et je ne saurais donner mon approbation à une telle mesure.

2° Que deviendra, avec cette orientation, l'élevage de l'arabe pur en France ? Je réponds sans la moindre hésitation. Je ne crois à l'amélioration que par le sang oriental donné par des arabes importés. On ne peut pas faire de l'arabe en France et continuer à en produire, c'est persévérer dans une erreur zootechnique.

J'arrive à deux objections plus sérieuses.

3° L'anglo-arabe sélectionné et éprouvé sera plus exigeant et ainsi sera atteinte l'une des qualités que vous prisez si fort dans cette race. Je crois, moi aussi, que la race aura de plus grands besoins, mais pas au point de lui faire perdre toute sa sobriété et sa rusticité. Est-ce que toute amélioration ne s'accompagne pas fatalement d'un sacrifice ? On remédiera, d'ailleurs, à cet inconvénient en élevant du quart au tiers le minimum de pourcentage de sang arabe.

4° Ce système sera très onéreux pour les éleveurs et pour les propriétaires d'écuries de courses obligés de laisser leurs animaux à l'entraînement pendant un an de plus et vous risquez de n'avoir pas beaucoup de partants dans ces épreuves? La réponse à cette objection est bien simple. C'est une question d'argent. Payez et vous aurez des concurrents. Dotez richement les courses et achetez cher les étalons de mérite éprouvé qu'elles mettront en relief. Le but à atteindre justifie amplement les dépenses qu'il faudra engager.

Le Stud-Book. — La sélection comporte un livre généalogique. Le Stud-Book de pur sang anglo-arabe existe bien; mais si on orientait définitivement la race vers la sélection, il devrait être remanié. Dans les premières années, le Stud-Book des sélectionnés ne serait qu'une section du livre généalogique actuel qu'il finirait par remplacer complètement par la suite.

Comment faudrait-il procéder? C'est là, certainement, un point délicat. Mais si on l'envisage avec la ferme volonté d'aboutir, le problème n'est pas insoluble.

Il faudrait tout d'abord nommer une commission qui, sous la présidence d'un inspecteur général des Haras, serait composée: des Directeurs des dépôts d'étalons dans la circonscription desquels se fait l'élevage de l'anglo-arabe, d'un représentant de chacune des grandes Sociétés de courses qui le subventionnent, et d'officiers du Service des remontes militaires.

Elle aurait pour mission d'établir une liste d'étalons et de poulinières qui constitueraient la souche des sélectionnés. On y admettrait, pour les raisons que j'ai indiquées, aussi bien les pur sang que les demi-sang, et les 25 aussi bien que les 50 %.

La Commission examinerait les reproducteurs à inscrire, aux points de vue des origines, du modèle, de la qualité, des produits déjà donnés et elle aurait un droit de révision du pourcentage de sang arabe. J'attache une grande importance à ce droit de révision, car j'estime que pour ne pas trop allégir la race et pour ne pas trop diminuer sa rusticité, il faudrait obtenir, dans les produits de ces reproducteurs, un minimum de sang arabe plus élevé que celui qui est actuellement exigé. Les sélectionnés devraient, en un mot, avoir, théoriquement, au moins un tiers de sang arabe et non pas seulement un quart comme cela existe aujourd'hui. Les accouplements seraient donc faits pour arriver à ce résultat.

La liste souche devrait être publiée le 1er janvier 1915 au plus tard, et seuls les poulains et pouliches issus des reproducteurs inscrits seraient admis aux nouvelles épreuves en 1919, année où ils auraient 3 ans. Ils figureraient naturellement dans le nouveau Stud-Book. Cette manière de procéder ne peut léser aucun intérêt particulier. Les propriétaires qui ne voudraient pas présenter leurs juments à la Commission du Stud-Book seraient parfaitement libres, mais ils ne pourraient pas prétendre à la qualification de sélectionnés pour les produits de leurs poulinières. Les poulains non sélectionnés continueraient à courir dans les courses actuelles, celles-ci devant subsister encore, en partie, pendant quelques années, car il va de soi qu'une réforme complète des courses ne peut pas se faire tout d'un coup.

Les fraudes. — Les fraudes, les truquages ont jeté un grave discrédit sur la race anglo-arabe, et je ne suis pas de l'avis de ceux qui m'objecteront que toutes les vérités ne sont pas bonnes à dire.

Il faut, au contraire, mettre la plaie à vif pour la guérir. En soutenant les procès qui ont été jugés pendant ces dernières années, la Société d'Encouragement a pris une initiative dont il faut la louer sans réserves. Il semble même que l'Etat, en la circonstance l'Administration des Haras, devrait jouer, dans la répression des fraudes, un rôle plus actif que celui auquel elle s'est bornée jusqu'à l'heure. Ne s'agit-il pas, en effet, des certificats d'origine délivrés par elle ?

Quoi qu'il en soit, les fraudes se font de deux manières : ou par la saillie ou par la substitution. Par la saillie, en attribuant, sur le certificat d'origine, la paternité du produit à un étalon autre que le vrai père et, pour préciser, en attribuant à un arabe ou à un anglo-arabe, les œuvres d'un pur sang anglais. Par la substitution, en mettant, à la place d'un anglo-arabe, un pur sang anglais, soit chez le naisseur, soit plus tard, lorsque les yearlings partent pour l'entraînement. De ces deux manières de frauder, la seconde est la plus fréquente, parce que la plus facile à réussir.

Contre la première, l'Administration des Haras a déjà pris quelques mesures. Contre la seconde, rien n'a encore été fait. Cependant, M. le marquis de Ganay, premier commissaire de la Société d'Encouragement, avait, en vue de rendre cette fraude plus difficile, proposé, à la Direction des Haras, il y a déjà quelques années, le marquage au fer rouge de tous les anglo-arabes. Je ne vois aucune raison qui puisse s'opposer à cette mesure. Les anglo-arabes sélectionnés, destinés aux courses, devraient être marqués, dans les huit jours qui suivent leur naissance, par un officier des Haras. Loin de les déprécier, cette marque leur donnerait un cachet d'authenticité qui augmenterait leur valeur.

Les comités d'achat des Remontes devraient en tenir compte dans l'estimation des animaux qui leur seraient présentés.

L'officier des Haras prendrait un signalement très détaillé des produits marqués et délivrerait aux propriétaires un simple récépissé ne contenant que certaines indications. Le signalement complet serait gardé au dépôt d'étalons jusqu'à une époque à fixer. Tous les détails d'application de cette mesure devraient être contenus dans un règlement élaboré par l'Administration des Haras. Il serait à souhaiter aussi que les fraudes, en cette matière, fussent à l'avenir beaucoup plus sévèrement réprimées, et c'est là l'œuvre du législateur.

Encouragements aux poulinières. — Pour encourager spécialement les juments anglo-arabes sélectionnées, il faudrait, en premier lieu, attribuer une pension d'une durée à déterminer, d'après leur âge, aux poulinières qui seraient inscrites dans la liste des reproducteurs constituant la souche dont je vous ai parlée à propos du Stud-Book et, en second lieu, donner des encouragements à leurs filles.

Pour ces dernières, on pourrait, ce me semble, procéder de la façon suivante : les bonnes pouliches anglo-arabes sélectionnées recevraient, à 3 ans, une prime de conservation, et les années suivantes, une prime de reproduction. A 6 ans, elles se seraient montrées bonnes ou mauvaises poulinières. Dans le premier cas, elles seraient définitivement classées et auraient droit, qu'elles fussent pleines ou vides, à une pension annuelle qui cesserait à l'âge de 12 ans, par exemple. Les jeunes poulinières viendraient remplacer les anciennes pour le droit à la pension. L'âge de 12 ans me paraît suffisant parce qu'alors la bonne poulinière a donné assez de produits pour être devenue une source de revenus que son propriétaire gardera soigneusement. Dans le deuxième cas, les juments de 6 ans, mauvaises poulinières, ne recevraient plus aucun encouragement et seraient vendues. La Remonte les achèterait certainement très volontiers et les paierait assez cher.

Le recrutement des étalons. — Le recrutement des étalons anglo-arabes nationaux se fait actuellement dans trois catégories de chevaux qui donnent des géniteurs de trois qualités, si l'on peut s'exprimer ainsi :

La première qualité est choisie dans les performers ; la deuxième qualité dans les animaux du concours-épreuve, et la troisième, enfin, dans les chevaux d'herbe qui n'ont subi que l'épreuve au galop ou au trot exigée de tout candidat étalon et qui n'est qu'une simple formalité.

Pourquoi ces trois catégories d'étalons ? La première se justifie sans explications. Elle fournit les reproducteurs d'élite, ceux qui doivent faire progresser la race. La deuxième est nécessaire, car il est reconnu qu'il faut des étalons de second choix pour les accoupler avec des juments encore insuffisamment améliorées pour recevoir les services des mâles de la première catégorie. Quant à la dernière classe, celle des étalons d'herbe, sans qualité démontrée, je la trouve indéfendable. Je sais qu'on pourra m'objecter que certains de ces reproducteurs ont produit ou produisent de bons chevaux de remonte, parce qu'ils possèdent (en puissance) les qualités de leurs ascendants ; mais je sais aussi qu'un bon nombre d'entre eux ont dû être réformés prématurément, à 5 ou 6 ans, parce qu'ils étaient incapables d'engendrer un cheval passable. Eugène Gayot, que je cite toujours volontiers, a dit que « le cheval élevé dans l'oisiveté n'est jamais ni énergique, ni résistant. En cet état, le cheval n'est plus qu'une bête impuissante, une rosse, un reproducteur affaibli, une nature déchue. »

Pourquoi ne pas demander à ces futurs pères de montrer qu'ils sont au moins capables de faire ce qu'on exigera de leurs fils ? Pourquoi aussi consacrer à les acheter une somme trop élevée si on la compare à celle qui est employée aux achats d'étalons de qualité dont l'élevage n'est pas rémunérateur ?

La création, en 1912, du concours-épreuve d'étalons de type selle n'est-elle pas d'ailleurs la condamnation officielle de l'étalon d'herbe ? Celui-ci doit donc disparaître des achats faits par les Haras.

Ce concours est réservé aux étalons de pur sang et de demi-sang, comptant au moins 25 % de sang arabe et n'ayant pas gagné une somme supérieure à 1.000 francs en courses publiques. Il est utile, ou il ne l'est pas ? On en a reconnu la nécessité. Qu'on le rende donc obligatoire pour tous les non performers. — Cependant il est facile de comprendre que ce concours unique, en fin d'année, immédiatement avant la présentation des étalons à Toulouse, est très insuffisant pour démontrer la qualité des concurrents. Il devrait être le dernier d'une série qui commencerait en avril ou en mai. Le concours de Toulouse serait, en quelque sorte, le couronnement de l'édifice. J'estime que au moins quatre concours-épreuves échelonnés sont indispensables. Ils devraient être créés dans les villes qui sont des centres importants de l'élevage de l'anglo-arabe.

On aurait ainsi la certitude que les futurs étalons de deuxième catégorie, obligés d'y prendre part, feraient, pendant l'année, autre chose que des promenades hygiéniques, qu'ils travailleraient suffisamment pour acquérir le minimum de la trempe et de l'influx nerveux nécessaires aux géniteurs et sans lesquels on n'a que des bourdons inutiles, sinon dangereux.

Tout le plan des réformes que j'ai exposé ne peut être réalisé sans argent. Les éléments me manquent pour déterminer la somme nécessaire. Cependant je suis à peu près certain qu'elle ne dépasserait pas 600 à 700.000 francs à ajouter aux 300.000 déjà donnés aux courses actuelles d'anglo-arabes. Cela ferait donc peut-être un million. Serait-ce trop cher payer une race si utile à la défense du pays ? L'Etat n'aurait pas, d'ailleurs, à fournir seul ces augmentations. Je suis persuadé que les grandes Sociétés de courses, qui donnent déjà des allocations à l'anglo-arabe, se montreraient plus générenses lorsqu'elles seraient assurées de la bonne orientation de la race et de sa préservation contre toute fraude.

Messieurs, j'ai l'honneur de soumettre à l'approbation du Congrès les conclusions suivantes qui découlent de ma communication :

La sélection donnera à la race anglo-arabe l'homogénéité qui lui manque et l'adaptera mieux aux besoins de notre époque et particulièrement à ceux de la défense nationale. Elle doit donc prendre le pas sur les croisements et devenir la méthode de reproduction de choix.

Le modèle et la qualité nécessaires seront donnés aux reproducteurs anglo-arabes sélectionnés par des courses à créer et à doter richement et qui seront des épreuves non plus exclusivement de vitesse, mais aussi, et surtout, de fond, d'équilibre et de puissance.

Les performers sélectionnés ne devront être achetés comme étalons qu'à la fin de leur deuxième année de courses et qu'à des prix élevés.

Une commission sera chargée de remanier le Stud-Book actuel de l'anglo-arabe pour y créer une section spéciale des sélectionnés.

Les produits anglo-arabes sélectionnés destinés aux courses devront être marqués au fer rouge. D'autres mesures sévères sont aussi à réglementer pour éviter toutes les fraudes.

Des encouragements devront être donnés aux poulinières anglo-arabes sélectionnées.

Il est à désirer, pour l'amélioration de la race, que le recrutement des étalons anglo-arabes ne se fasse plus que parmi : 1° les performers, et 2° parmi les chevaux ayant pris part, avant le concours-épreuve de Toulouse, à d'autres concours à créer dans les principaux centres de l'élevage de l'anglo-arabe. *(Applaudissements.)*

M. Roger de Salverte. — M. Meyranx dit que les poulinières âgées de six ans ont fait leurs preuves.

M. Meyranx. — J'ai indiqué l'âge de six ans, mais je ne tiens pas absolument à cet âge. Néanmoins, à six ans, une poulinière peut avoir fait trois produits.

M. Roger de Salverte. — L'Administration des Haras interdit la saillie des juments à deux ans.

M. Meyranx. — Elle a raison. Si j'ai dit six ans, c'est pour que les propriétaires ne gardent pas trop longtemps leurs juments, mauvaises poulinières.

M. Roger de Salverte. — Vous reconnaissez que l'arabe est le reproducteur nécessaire et qu'on est obligé d'y revenir. Pourquoi, dès lors, vouloir l'éliminer de la production ?

M. Meyranx. — Je dis, au contraire, qu'il faut garder les arabes orientaux.

Ils sont, en effet, très utiles pour améliorer les jumenteries qui donnent des chevaux à la remonte.

M. le comte de Robien. — On pourrait, à mon sens, généraliser la question. L'arabe pur est la cause du mal dont nous souffrons. Ce qu'il faut, c'est adopter le système de M. Meyranx au point de vue anglo-arabe et profiter de l'arabe pur. Nous achetons, nous, nos arabes en Egypte; les courses à petite distance servent à les sélectionner. Ce que nous voulons, c'est appliquer le même système que pour les étalons de poids lourds, système adopté par le Congrès et en application depuis trois ans.

M. Charles de Salverte. — Un seul éleveur croit-il, à l'heure actuelle, que l'anglo-arabe est d'une race sélectionnée qui ne peut plus jamais revenir à l'anglais ou à l'arabe ?

M. Meyranx. — Ma brochure a paru en 1913 et je disais dans cette brochure que je désirais voir s'accomplir la réforme des courses pour sélectionner les anglo-arabes.

M. le comte de Robien. — Ce que demande M. Meyranx me paraît juste. Rien n'empêche de sélectionner les arabes purs. C'est comme cela qu'on a fait la race anglo-normande. Notre anglo-arabe se sélectionne peu à peu et tend à faire une race mère ; mais la sélection ne peut pas se faire en huit jours.

M. Meyranx. — C'est exactement ce que j'ai dit. Nous avons assez d'éléments mâles et femelles pour entrer dans la voix de la sélection ; mais il n'y a pas de sélection sans épreuve.

M. Roger de Salverte. — Il faut avoir recours à des produits qui ne sont pas sélectionnés.

M. Meyranx. — Je crois que la sélection nous donnera une race homogène que nous n'avons pas.

M. le comte de Robien. — Je demande qu'on tienne compte des différences de sang arabe.

M. L. Baume. — J'ai écouté avec beaucoup d'intérêt le rapport de M. Meyranx. Dans la communication que je dois faire au Congrès, je me propose précisément de traiter la même question au point de vue de la qualification du demi-sang.

Il y a deux points qui me paraissent devoir appeler des réserves : Ne nous illusionnons-nous pas en espérant qu'en augmentant les allocations aux courses de pur sang anglo-arabe, nous obtiendrons plus de rusticité et de sobriété ? Je crois que plus on nourrit, plus on soigne un cheval et plus il perd de sa rusticité et de sa sobriété.

Quant aux fraudes, le seul moyen empirique pour les

empêcher consiste à marquer les poulains à leur naissance, comme on le fait en Algérie. Comment empêcher, en effet, que l'étalonnier qui a un étalon de pur sang ou anglo-arabe ne commette pas une fraude, s'il y a intérêt? Je suppose qu'on n'aura pas recours à la Sûreté générale, déjà accablée de besogne, pour empêcher que les juments ne voyagent clandestinement. (*On rit.*)

Certes, il faut poursuivre la fraude, mais on ne saurait songer à la réprimer d'une façon absolue. Tant qu'on aura intérêt à frauder, on fraudera.

En un mot, ce que je demande, c'est si on a trouvé un remède pour éviter la fraude au moment de la saillie.

M. Meyranx. — L'Administration des Haras a édicté des mesures contre la fraude au moment de la saillie : l'étalonnier ne peut pas avoir dans son écurie un arabe et un pur sang anglais.

M. L. Baume. — S'il a l'un, le voisin peut avoir l'autre.

M. le comte de Robien. — L'Administration a oublié de se conformer à ses propres prescriptions. (*On rit.*)

M. le Président. — On ne saurait se plaindre de la façon dont a été présenté le rapport à ce sujet : C'est l'application de la loi toutes les fois que l'on constate une fraude.

M. le comte Le Gonidec. — M. Baume ne semble pas tout à fait partisan de la sélection par l'argent.

M. L. Baume. — Ce n'est pas ce que j'ai voulu dire. Je me suis placé au point de vue de la fraude. Je suis un vieux partisan de la sélection par le poteau et j'estime qu'on se fait illusion en croyant qu'on augmentera la rusticité et la sobriété par des programmes de courses.

M. Meyranx. — Toute amélioration doit s'accompagner d'un sacrifice.

M. L. Baume. — Les courses constituent le seul critérium de la qualité, et c'est à ce point de vue seulement que la diminution de la rusticité et de la sobriété est une conséquence naturelle des courses, de l'argent qu'il y a à gagner et de la plus grande facilité à frauder.

M. le vicomte Martin du Nord. — La sélection n'est pas la condition de l'homogénéité. On ne peut pas qualifier autrement que par le poteau. Ce qu'il faut, c'est sélectionner le mâle sur la vitesse et sur une distance longue et la jument sur la forme.

M. Viel. — M. Baume estime que les courses diminuent la rusticité des chevaux. Je crois, au contraire, que les courses donnent de la rusticité à la race. Si, en prévision d'un effort considérable, un cheval mange beaucoup, on ne peut que s'en féliciter. Un cheval qui ne mange pas est incapable de faire un bon service.

Je me rallie aux conclusions de M. Meyranx. Je demande, toutefois, que le vœu qu'il présente soit étendu à toutes les races de chevaux de France. Nous estimons, nous autres Normands, que notre race est sélectionnée depuis cinquante ou cent ans et ce que nous désirons c'est qu'on ne nous impose pas des croisements qui allègent notre race et qui ont tué les races de gros poids indispensables pour la cavalerie et l'artillerie. On a exporté beaucoup de chevaux de gros poids en Allemagne, en Italie, en Espagne, et aujourd'hui nous voyons venir en France, d'Angleterre et de Hollande, des bandes de chevaux qui sont loin de valoir les nôtres.

La diminution de l'exportation, dont a parlé M. le Président Loubet, est fatale, puisque nos chevaux sont partis à l'étranger et qu'il faut des années pour refaire ce qui a été détruit.

Nos exportations continueront à baisser de plus en

plus pour cette raison. La Russie s'est trouvée dans la même situation que nous, mais aujourd'hui elle interdit l'exportation de ses chevaux qui, en réalité, sont des combattants.

Je n'insiste pas sur ce point; je me borne à déclarer que je me rallie aux conclusions du rapport.

M. Charles de Salverte. — Il est impossible de détruire par un vote une race qu'on essaye de faire depuis quatre-vingts ans.

M. Meyranx. — Ce n'est pas détruire une race que de la vouloir homogène. La sélection doit être la méthode *de choix* — ce n'est pas exclusif — et les courses actuelles continueront pendant un certain nombre d'années.

M. le Président. — La règle que nous avons observée au cours de nos précédents congrès est de renvoyer à la fin de la dernière séance l'adoption des vœux qui sont présentés, de façon que les intéressés puissent se mettre d'accord sur une rédaction aussi claire que possible, réduisent les apparentes divergences de vues. Je pense que le Congrès entend procéder ainsi en ce qui concerne le vœu de M. Meyranx. (*Assentiment.*)

M. le Secrétaire général. — Cette procédure s'impose d'autant plus que nous devons entendre une communication de M. Charles de Salverte sur l'élevage du cheval arabe et anglo-arabe, communication qui est connexe à celle de M. Meyranx. (*Très bien! Très bien!*)

M. le Président. — Il n'y a pas d'opposition?

Il en est ainsi décidé.

Création dans le Congrès hippique d'une Section Arabe Anglo-Arabe de pur sang et Anglo-Arabe de demi-sang qualifiés

M. Charles de Salverte. — A l'Assemblée générale du 15 février 1913, M. Charles de Salverte, membre du Comité du Syndicat hippique et vice-président de la Société des Eleveurs de chevaux de guerre des Basses-Pyrénées, présenta le vœu qu'une 4e section fût créée au Congrès hippique de Paris, sous la rubrique: « Section arabe, anglo-arabe de demi-sang et de pur sang qualifiés ».

Ce vœu, fortement appuyé par son auteur, fut accepté à l'unanimité des Membres du Syndicat général hippique, parce qu'il répondait à une situation morale et matérielle qu'il était indispensable de déterminer d'une façon précise.

A l'heure actuelle, le Congrès hippique ne comprend que trois sections: la section des pur sang, la section des demi-sang et la section des chevaux de trait. Il est incontestable que ces trois sections ne forment pas un cadre réellement suffisant pour les chevaux de nos races françaises.

En effet, si on considère, ce qui est vrai, d'ailleurs, les chevaux arabes et les chevaux anglo-arabes de pur sang comme pouvant être compris dans la catégorie du sang pur, il n'en est pas moins vrai qu'au point de vue de l'élevage, des méthodes d'encouragement, de la destination des sujets, du rôle qu'ils sont appelés à remplir comme améliorateurs de nos races françaises, et même au point de vue des épreuves d'hippodrome, il n'y a aucun rapport entre le cheval de pur sang proprement dit et les pur sang arabe et anglo-arabe.

D'autre part, les anglo-arabes de demi-sang, qu'on classe dans la même catégorie que les chevaux du Charolais, de la Normandie ou de la Vendée, ne sont pas de même race, ne procèdent pas des mêmes méthodes zootechniques et ne sont pas doués des mêmes aptitudes.

Dans les différents concours, où sont exhibés concurremment, aux demi-sang, les demi-sang anglo-arabes, on s'aperçoit malheureusement trop souvent des inconvénients et des confusions qui se produisent parce qu'on a voulu identifier des types d'animaux qui diffèrent considérablement entre eux.

Il va nous être facile de démontrer ce qui précède :

L'anglo-arabe pur sang a été bien souvent confondu avec le pur sang, cheval d'hippodrome, alors que le premier est un cheval de service et qu'il ne participe à des épreuves d'hippodrome que dans la mesure nécessaire à son amélioration et à la sélection de sa reproduction.

La Société des steeple-chase l'a exclu d'une série d'épreuves destinées à mettre en valeur les chevaux de service et de selle, tandis que l'anglo-arabe de demi-sang, qui n'est qu'une sous-race du premier, peut y figurer.

Or, les anglo-arabes de pur sang et de demi-sang qualifiés forment un bloc qu'on ne peut dissocier que grâce à des considérations intéressées, dont le but est d'éliminer des épreuves un certain nombre de concurrents.

L'anglo-arabe qualifié, qu'il soit ou non de sang pur, est, de l'avis de tous les hommes de cheval, le premier des chevaux de selle, et de l'avis de nos officiers de cavalerie, le plus rapide, le plus endurant de nos chevaux de guerre.

C'est pénétré de ces idées que, le 27 octobre 1913, M. Maurice Raynaud, ministre de l'Agriculture, président du S. G. H., écrivait à M. le Président Emile Loubet, pour lui transmettre le vœu des membres de son groupement.

L'honorable Président répondit immédiatement à cette lettre, en faisant connaître qu'elle serait soumise au Bureau du Congrès hippique, afin que la lacune signalée fut comblée.

Le 30 novembre, M. Loubet fit connaître que le Bureau, sans rejeter la demande de M. Raynaud, estimait cependant que la nécessité de la création demandée n'était pas absolument évidente et la preuve : c'est que, au Congrès de 1913, MM. Labat et Charles de Salverte purent célébrer les mérites des races arabes et anglo-arabes.

Le 10 décembre 1914, M. Maurice Raynaud revint encore à la charge et estima qu'une séparation tranchée était nécessaire entre les demi-sang du Nord-Ouest et de l'Ouest et les demi-sang anglo-arabes du Limousin et du Midi; qu'une distinction était au moins nécessaire entre le pur sang anglais et les autres pur sang : arabe et anglo-arabe.

En ce qui concerne l'élevage normand, M. Maurice Raynaud fit remarquer qu'une partie de cet élevage a pris une nouvelle orientation et s'occupe de la production du cheval de selle pour poids lourd.

Lorsque ce résultat sera atteint, la qualification de demi-sang servira, dans l'esprit de tous, à désigner le demi-sang de la Normandie, du Charolais, de la Vendée et non les anglo-arabes de demi-sang.

La même confusion s'établira lorsqu'il s'agira de répartir les encouragements aux demi-sang, et ce sera regrettable pour les éleveurs d'anglo-arabes;

Enfin, ce qui prouve que l'on ne sait pas bien ce qu'est l'anglo-arabe, en dehors de son pays d'origine, c'est que nous voyons une grande société sportive, la Société hippique française, établir, dans ses classes et dans ses épreuves, des différences de poids entre les chevaux de selle de même race, suivant qu'ils sont originaires du Midi ou du Limousin.

Cette Société prépare, pour 1915, un remaniement complet de son programme afin d'encourager la race anglo-arabe.

***

Les raisons techniques qui précèdent ont certainement leur importance, mais que sont-elles auprès des services que l'élevage anglo-arabe rend à la défense nationale ? Quelques chiffres vont nous permettre de fixer les idées sur ce point.

Les différentes régions consacrées à l'élevage anglo-arabe comprennent les dépôts d'Arles, de Guéret, d'Aurillac, de Mérignac, d'Agen, de Tarbes, de Saint-Jean-d'Angély et achètent : 1.142 dragons, 2.773 chevaux de lègere, soit 3.915 chevaux appartenant à la race arabe et anglo-arabe.

Ce total représente plus de la moitié du recrutement annuel

des chevaux de notre cavalerie, puisque sur 6.460 chevaux qui lui sont nécessaires, la région de l'anglo-arabe en fournit 3.915, les 2.545 autres étant achetés un peu partout et dans toutes les régions de la France.

L'élevage anglo-arabe comprend environ 50.000 poulinières réparties dans presque 20 départements, depuis l'Océan jusqu'à la Méditerranée, et depuis les Pyrénées jusqu'au-delà du Massif central.

Il existe certainement quelques exploitations agricoles ayant un nombre important de poulinières, cependant l'élevage anglo-arabe n'est pas, comme celui du trotteur, par exemple, neutralisé entre les mains d'un petit nombre d'éleveurs. C'est l'élevage démocratique par excellence, peu lucratif, éminemment désintéressé et patriotique dans son but.

Etant donné la qualité du sang qu'il s'agit de maintenir, l'élevage est relativement onéreux parce qu'il s'accommode mal du laisser-aller permanent à la prairie et de la pleine liberté.

Encore une particularité économique qui le distingue nettement du demi-sang tout court.

Ainsi, ce que l'on sollicite de votre esprit d'équité, ce n'est pas une faveur spéciale, c'est la reconnaissance de l'existence de familles chevalines épurées par la sélection et les croisements judicieux, maintenus avec un soin jaloux dans le sillage du cheval oriental dont les qualités vous sont connues, dont l'importance zootechnique est indéniable, familles devenues, par les progrès qu'elles ont réalisés et la disparition de nos pur sang de croisement, essentiellement amélioratrices de la plus grande partie de nos races de selle.

Cette reconnaissance, qui consiste à distinguer nettement, dans votre classification, l'arabe et ses dérivés anglo-arabes qualifiés, à leur donner une place leur garantissant dans vos débats leur autonomie technique, permettra de mieux sérier les questions nombreuses qui s'y rattachent; enfin, elle donnera satisfaction aux nombreux petits paysans, modestes artisans de la défense du sol natal, qui seront heureux de savoir que leurs vaillants chevaux, après les prouesses accomplies dans les raids militaires, dans les chasses à courre, dans les épreuves de toute nature dans lesquelles ils sont engagés, ont obtenu le rang qu'ils ont conquis parmi les animaux dont votre Congrès veut bien se préoccuper.

C'est le vœu que nous formons, au nom du Syndicat général hippique de l'Ouest, du Sud-Ouest et du Centre, du Syndicat des Eleveurs du cheval de guerre des Basses-Pyrénées, de l'Ecurie coopérative de Toulouse, du Syndicat hippique des Hautes-Pyrénées, des Syndicats des éleveurs de Castelsarrasin et de Beaumont-de-Lomagne, des Syndicats du Limousin et d'Arles, dont ils attendent la réalisation de votre esprit de justice et d'équité.

En leur nom, je dépose le vœu suivant : « Il sera créé au Congrès hippique une quatrième section, qui prendra le nom de Section arabe, anglo-arabe de pur sang et anglo-arabe de demi-sang qualifiés. » *(Applaudissements.)*

M. le comte de Robien. — Ne conviendrait-il pas d'ajouter les mots : « qualifiés par l'épreuve » ?

M. Charles de Salverte. — Un anglo-arabe qualifié, c'est un anglo-arabe qui contient au moins 25 % d'arabe.

M. le comte de Robien. — Je ne crois pas aux chiffres ; je ne crois qu'à l'épreuve.

En tous cas, c'est une erreur de dire qu'un anglo-arabe n'a pas le droit de participer aux steeple-chases de demi-sang.

M. Charles de Salverte. — Je dis que l'Administration des Haras n'admettant pas qu'un anglo-arabe puisse avoir un prix comme poids lourd, si le propriétaire ne demandait pas quelquefois un certificat de complaisance, en réalité, jamais un anglo-arabe ne pourrait y participer.

M. le Général de La Garenne, inspecteur général permanent des Remontes. — Avant que la discussion sur l'anglo-arabe soit terminée, je demande la permission de présenter une observation au point de vue militaire.

Je trouve qu'on se laisse beaucoup trop hypnotiser par le mot « homogénéité ». Je l'ai entendu prononcer à plusieurs reprises par M. Meyranx ; il revient à tout propos, dans toutes les discussions hippiques, aussi bien dans les milieux civils que dans les milieux militaires.

Je crains que l'homogénéité absolue ne soit une chimère et qu'elle ne constitue plutôt un nivellement par le bas, ce qu'il faut toujours éviter.

De plus, il convient de se rendre compte que les besoins ne sont pas partout les mêmes. Dans l'armée, nous avons assurément besoin, pour remonter nos troupes de cavalerie légère, de petits chevaux rustiques, peu épais ; mais nous avons besoin, pour remonter nos officiers, de chevaux plus affinés, ayant plus de sang. Or, la simple sélection ne produira pas ces chevaux. Il est indispensable de recourir tout autant, soit au pur sang anglais, soit au pur sang arabe, pour avoir cette catégorie de chevaux de tête absolument nécessaire. (*Applaudissements.*)

M. La Bayle. — Au nom des différents syndicats d'éleveurs de la région du Sud-Ouest, j'appuie la motion de M. de Salverte tendant à créer une section pour la défense des chevaux anglo-arabes au Congrès hippique de Paris.

Cette création me paraît des plus utiles, car l'élevage du cheval anglo-arabe a pris dans le Midi une extension considérable, puisqu'il fournit, chaque année, 4.000 chevaux destinés à remonter nos régiments de cavalerie légère et une partie de nos régiments de cavalerie de ligne.

A mon avis, cette section devrait être composée de délégués des Syndicats du Sud-Ouest, qui exposeraient les desiderata des petits éleveurs. On servirait ainsi la cause de l'élevage.

Grâce à l'action de nos syndicats, on a déjà fait droit à une partie de nos légitimes revendications, mais il reste encore beaucoup à faire. C'est pourquoi j'insiste en faveur de l'adoption de la motion qui nous est présentée. (*Applaudissements.*)

M. le Président. — Personne ne demande la parole? Je mets aux voix les conclusions du rapport de M. de Salverte.

(Les conclusions du rapport, mises aux voix, sont adoptées à l'unanimité.)

M. le Président. — Je suis saisi du vœu suivant, présenté par M. de Neuville :

Le Syndicat des Eleveurs de chevaux du Limousin, circonscription du Haras de Pompadour, Creuse, Corrèze, Haute-Vienne, émet le vœu qu'un registre, ou Stud-Book de demi-sang anglo-arabe, soit établi par l'Administration des Haras, pour assurer la qualification des produits comptant au moins 25 % de sang arabe, nés dans les 4me et 5me arrondissements des Haras.

Il demande que dans les inscriptions de ce Stud-Book, il soit fait état de l'indigénat des poulinières depuis *trois* générations, et mention de leur origine.

M. de Neuville. — Je suis persuadé que si l'Administration des Haras cherchait les poulinières là où elles sont, il se produirait moins de fraudes.

M. le Président. — Je mets aux voix le vœu dont je viens de donner lecture.

(Le vœu, mis aux voix, est adopté.)

LA MOBILISATION

M. le vicomte Martin du Nord. — Je m'excuse, Messieurs, de traiter aujourd'hui une question déjà bien rebattue ; aussi, je serai bref. Je viens simplement apporter mon contingent d'efforts aux personnes qui vous ont déjà entretenus de la mobilisation avec une compétence que je voudrais égaler.

Le problème de la réquisition des chevaux a fait de grands progrès dernièrement par l'application du service de trois ans, car la loi des cadres a sérieusement augmenté l'effectif des chevaux de cavalerie et d'artillerie. Désormais, tous les régiments de cavalerie endivisionnés sont au même effectif renforcé : 770 chevaux, comprenant 4 escadrons et un dépôt ; ils partiront en campagne sans aucun cheval de réserve.

La plupart des régiments de corps formeront un certain nombre d'escadrons de réserve, suivant les ressources de la région et les besoins de la mobilisation.

L'artillerie dispose de 618 batteries montées de 75, de 21 batteries de 155 court, de 16 batteries à cheval et de 14 batteries de montagne. Les batteries à cheval et 78 batteries montées de 75 sont à effectif renforcé. Les batteries ordinaires et les lourdes doivent avoir 89 chevaux en temps de paix ; celles qui sont renforcées 114 et les batteries à cheval 179. Ces effectifs ne sont pas encore atteints.

Chaque batterie active forme, pour la mobilisation, une et parfois deux unités de dédoublement : batterie, section de munition, section de parc. De plus, chaque groupe donne naissance à une batterie de renforcement attelée de chevaux de réquisition. En moyenne, l'artillerie se mobilise en quadruplant l'effectif de ses hommes et celui des chevaux devient 8 à 10 fois plus fort. Le train des équipages triple ou quadruple en temps de guerre le nombre de ses compagnies et l'effectif des chevaux du génie s'accroît aussi dans des proportions considérables.

On peut compter approximativement, d'après ces prévisions, que la réquisition devrait nous donner :

50.000 chevaux pour la cavalerie ;
200.000 » pour l'artillerie ;
30.000 » pour l'infanterie ;
20.000 » pour le génie et les pontonniers ;
et 130.000 » pour le train.

Soit 430.000 chevaux environ, sur lesquels approximativement 75.000 chevaux de selle et 250.000 de trait léger.

Les chevaux de selle se recruteront :

1° Parmi les chevaux des veneurs ;

2° Les chevaux de concours de 5 et 6 ans ;

3° Les chevaux de concours de sauts d'obstacles ;

4° Les chevaux hongres et juments de steeple ;

5° Les chevaux d'attelage de maîtres ou de loueurs ;

6° Les chevaux de manège ;

7° Les chevaux de fiacre.

Le paiement des contributions de chevaux a fait constater l'existence de 99.301 chevaux de luxe d'usage bourgeois, qui sont presque tous classés dans la cavalerie.

Les chevaux d'artillerie se recruteront parmi :

1° Les chevaux d'attelage de luxe les plus étoffés ;

2° Les chevaux de voitures de commerce, de livraison et de camionnage ;

3° Les chevaux de culture.

Les statistiques indiquent en France une population chevaline de 3.500.000 chevaux. En déduisant les inutilisables comme trop jeunes, trop vieux ou reproducteurs, j'estime que les commissions de classement ont à choisir parmi un million de sujets. Ces commissions ont accepté :

En 1910, 138.000 chevaux de selle et 262.000 chevaux de trait léger d'artillerie ;

Et en 1913, 220.000 chevaux de selle et 350.000 chevaux de trait léger.

Ces chiffres indiquent évidemment beaucoup de choix, mais ce classement n'est qu'un travail préparatoire, car les régiments, pour trouver les chevaux qui leur sont nécessaires, devront essayer successivement tous les lots qui leur seront envoyés par la réquisition.

Sur les 220.000 chevaux classés pour la cavalerie, il n'y a certainement pas plus de 10.000 véritables chevaux de selle. Cela rend la mobilisation de la cavalerie beaucoup plus difficile que celle de l'artillerie, car sur les 350.000 chevaux de trait léger classés pour cette arme, tous sont attelés habituellement et bien peu présenteront de sérieuses difficultés.

Il n'y a pas lieu d'être très satisfait de ces classements ; le fait de trouver en trois ans 80.000 chevaux de plus pour les cavaliers, comme pour les artilleurs, dénote une trop grande élasticité dans le jugement des commissions.

Le Congrès hippique a voté en 1913 une suite de vœux essentiellement favorables à la mobilisation :

1° Achat par la Remonte de plus nombreux chevaux d'âge ;

2° Primes d'entretien aux chevaux classés dans la cavalerie et l'artillerie dont l'aptitude aura été constatée ;

3° Mise en dépôt chez des particuliers de chevaux achetés en surnombre.

Toutes ces mesures seraient efficaces, mais elles coûteraient fort cher : cinq à six millions environ. On pourrait ne primer que les sujets les meilleurs et même décider que la moitié des sommes distribuées en primes serait récupérée sur le prix de réquisition ; néanmoins, je doute que l'Etat intervienne aussi puissamment. Il faut donc chercher des moyens moins chers, évidemment moins certains, d'augmenter d'année en année notre contingent utile de mobilisation.

M. Baume disait au Congrès que nous manquons de personnes susceptibles d'entretenir des chevaux. Cette observation se justifiera de plus en plus si l'on n'intervient pas et l'impôt sur le revenu ne fera certainement pas augmenter le nombre des chevaux de luxe. Pour enrayer le courant, il faudrait :

1° Développer le goût du cheval ;

2° Augmenter l'intérêt d'agrément et financier qu'on peut avoir à posséder des chevaux.

Il s'agira d'abord de patronner les sociétés de préparation militaire pour développer chez les jeunes gens le goût de l'équitation, puis d'encourager la chasse à courre, qui constitue l'attrait le plus puissant pour monter à cheval. L'Etat et les sociétés particulières devront intervenir et tirer le meilleur parti de leurs moyens d'action en vue du résultat désiré.

Faciliter l'entretien des chevaux incomberait presque entièrement aux sociétés de courses et de concours, qui pourraient organiser tout un régime de prix et de primes aux chevaux de service à l'aide d'épreuves diverses.

Il serait nécessaire pour cela de remonter le courant actuel.

Depuis quelques années, tout est fait pour favoriser les poulains de trois ans, de sorte que les sujets entre cet âge et celui de l'entrée en service ne peuvent subsister. Cette méthode irrationnelle est soulignée par l'anomalie (qui n'existe que chez nous) du poulain de trois ans ayant un prix plus élevé que le cheval fait.

En résumé, pour faciliter notre mobilisation, il faudrait un ensemble de mesures orientées dans le même sens, beaucoup de savoir-faire et surtout beaucoup d'argent.

Les sommes nécessaires pour réaliser ce programme ne peuvent évidemment pas être fournies par des moyens ordinaires et il faut chercher des ressources nouvelles.

Le jeu est le plus légitime des impôts, parce qu'il est volontaire; seul il prospère actuellement, alors que les affaires périclitent. Le pari mutuel est passé dans les mœurs, il s'agit d'en profiter. Les Allemands, d'ailleurs, se montrent nos maîtres en cette question: le pari mutuel fonctionne chez eux aux grands meetings d'aviation pour aider au développement de la quatrième arme. Nous pourrions de même organiser le mutuel dans les concours hippiques pour aider les sociétés qui le désireraient à augmenter leurs ressources. Les agences clandestines pullulent dans tous les quartiers de Paris et dans les villes de province, il serait judicieux, je crois, de les remplacer par des bureaux officiels.

Quand on pourra parier ouvertement tous les jours, de toutes les villes et sur toutes les courses, le mutuel rapportera suffisamment pour nous donner une réserve hippique hors ligne et pour assurer à nos élevages une prospérité sans égale.

Vœux concernant la mobilisation

Considérant que la mobilisation constitue un problème des plus difficiles, que la diminution probable des chevaux (par suite du développement de l'automobile et de l'augmentation constante des charges de toutes sortes) rendra de plus en plus alarmant ;

Considérant aussi que la quantité des chevaux classés dans les différentes catégories de réserve ne représente aucunement le nombre de ceux qui seraient réellement mobilisables ;

Le Congrès hippique émet le vœu :

1° Que le classement des chevaux soit fait d'une façon précise, que les commissions soient présidées par des officiers ayant des capacités certaines d'homme de cheval et que ce service soit rattaché à celui des Remontes ;

2° Que l'Etat fasse concorder, pour faciliter la mobilisation hippique, toutes les mesures favorables, savoir :

a). L'exonération d'impôts des chevaux, des voitures à chevaux et des chiens de meute ;

b). Des achats plus nombreux de la Remonte portant principalement sur des chevaux d'âge ;

c). Des primes d'entretien aux officiers de l'armée active et de la réserve possédant des chevaux mobilisables ;

d). L'affectation des chevaux de réforme aux sociétés de préparation militaire ;

e). Des réformes anticipées en faveur d'officiers et de sous-officiers de réserve d'artillerie et de cavalerie ;

f). La mise en dépôt chez des particuliers de chevaux d'artillerie et de cavalerie ;

g). Les encouragements de toutes les administrations en faveur de la chasse à courre;

h). Des primes de mobilisation aux meilleurs chevaux de réserve dont la qualité serait contrôlée par des épreuves.

3° Que toutes les sociétés de courses et de concours veuillent bien concentrer leurs efforts pour faciliter par leurs programmes l'existence des chevaux de réserve.

Pari mutuel

Pour développer les moyens d'action de l'Etat et des sociétés, il serait opportun de réglementer l'essor du pari mutuel qui s'opère clandestinement. On pourrait alors réserver à l'organisation de notre cavalerie de deuxième ligne toutes les ressources nouvelles.

Il faudrait :

1° Autoriser les sociétés de concours hippique, qui en feraient la demande spéciale, à exploiter le pari mutuel dans leurs réunions. Leurs gains devraient être réservés aux chevaux susceptibles d'être réquisitionnés ;

2° Organiser des bureaux de pari mutuel dans les villes principales et dans les quartiers des grandes villes. Tous les bénéfices de ces annexes devraient être réservés aux mesures intéressant la mobilisation des chevaux. *(Applaudissements.)*

M. Vernudachi. — Il vaudrait peut-être mieux supprimer les paris clandestins pour faire augmenter le nombre des paris sur les champs de courses.

M. L. Baume. — Je me rallie d'autant plus volontiers aux conclusions de M. Martin du Nord que ce sont celles que j'ai moi-même présentées l'année dernière. Cependant, je ne puis m'associer à sa proposition concernant la création de ressources nouvelles, car le jour où sera organisé dans Paris le pari mutuel, on n'ira plus sur les champs de courses. C'est incontestable.

M. le comte de Robien. — Je me rallie aux premières conclusions de M. Martin du Nord, mais je me permets de n'être pas de son avis en ce qui concerne la question du pari mutuel. Je reconnais qu'il importe de trouver des ressources. On en trouve pour d'autres objets qui ne sont pas aussi importants que celui qui nous occupe ; il n'y a donc pas à désespérer, mais il faut demander au Parlement d'étudier sérieusement la question. Ce qu'on a fait pour les automobiles, pour le transport des poids lourds, on peut bien le faire pour les chevaux. (*Très bien ! Très bien !*)

M. le Président. — Il est facile de présenter des vœux ; il est difficile de trouver de l'argent. (*On rit.*) Je me rappelle trop que j'ai été rapporteur général de la Commission du budget à la Chambre et président de la Commission des finances au Sénat.

M. L. Baume. — Nous avons eu tort de ne rien demander il y a quelques années.

Un Membre. — On pourrait émettre le vœu que les ressources du pari mutuel fussent, dans une plus large proportion qu'aujourd'hui, affectées à l'élevage en général.

On mettrait ainsi fin à l'arbitraire qui préside à la répartition des sommes provenant du pari mutuel. (*Très bien ! Très bien !*)

M. le Président. — Si M. Martin du Nord veut bien modifier, dans ce sens, la rédaction de son vœu, nous pourrons l'adopter à la dernière séance, en même temps que celui de M. Meyranx.

M. le vicomte Martin du Nord. — J'en modifierai la rédaction et je la soumettrai samedi matin au Congrès.

M. le comte Dauger. — Au point de vue du recensement, beaucoup de chevaux sont classés dans des catégories où ils sont à peine dignes de figurer. Il faut qu'au moment de la mobilisation, on ait immédiatement à sa disposition des chevaux capables de faire un service de selle.

M. le vicomte Martin du Nord. — La cavalerie n'aura besoin au moment de la mobilisation que de dix mille chevaux de première ligne qui se trouveront dans les écuries des veneurs. Pour les unités de seconde ligne, il sera beaucoup plus difficile de réquisitionner des sujets utilisables et la quantité ne pourra suppléer la qualité.

M. le comte de Robien. — Nous avons des raisons de croire que le procédé actuel donne des résultats défectueux.

M. le Président. — La rédaction définitive du vœu sera ultérieurement soumise à l'approbation du Congrès.

Valeur de la Richesse globulaire du Sang chez les Chevaux de vitesse

M. Gustave Barrier, inspecteur général des Ecoles nationales vétérinaires. — Messieurs, jusqu'ici les éléments qui servent de base à l'appréciation de la valeur mécanique du cheval se réfèrent à la conformation, aux aplombs, aux allures, à la finesse, la trempe, l'expressivité, l'origine. En cela, on peut juger des conditions de sa charpente, de sa musculature, de son équilibre, de son aisance, de sa force, de sa vitesse, de sa puissance nerveuse. Des dimensions de sa poitrine, du volume de son ventre, on induit ses aptitudes respiratoires et digestives. Par la mise en service du moteur, on se renseigne sur sa façon de travailler et son rendement ; par l'analyse, on peut découvrir la nature de ses imperfections et présider à une meilleure fabrication. Mais, on ne saurait trop le redire : un caractère, quelques caractères seulement, ne sont jamais assez dominateurs pour qu'on soit fondé à s'y tenir exclusivement. Quel qu'il soit, un « indice » hippométrique ne vaut que par les relations qui le rattachent aux conditions statiques ou dynamiques de l'ensemble.

Pouvons-nous pousser plus loin cette analyse, l'étendre, par exemple, à l'examen du sang, ce « milieu intérieur », qui sert d'intermédiaire à l'organisme pour effectuer ses échanges avec le monde extérieur?

Le sang ne reçoit-il pas du dehors des matériaux de nutrition (produits de la digestion et oxygène de l'air) qui lui sont fournis par le tube digestif et le poumon? Les éléments anatomiques ne s'y déchargent-ils pas de produits de déchet (urée, acide urique, acide carbonique, etc...) qu'il porte aux émonctoires, tels que le rein, les glandes sudoripares...?

Or, quelque ardu que soit le sujet, pour l'auditoire devant

lequel j'ai l'honneur de parler, j'espère montrer qu'il y a une réelle utilité à se livrer à l'examen dont il s'agit. Quelques considérations générales préalables me sont cependant nécessaires.

Vous savez tous que la puissance respiratoire est une condition capitale à exiger des chevaux de vitesse. Le travail locomoteur provoque une très active irrigation sanguine des muscles; celle-ci leur apporte notamment, en tension convenable, la quantité d'oxygène nécessaire à leur contraction, et elle les débarrasse de l'acide carbonique produit concurremment au cours de cette dernière. Lorsque l'apport des matériaux nutritifs et l'enlèvement des déchets sont insuffisants, la vitesse, qui est fonction de mouvements étendus et répétés pendant l'unité de temps, diminue peu à peu et bientôt l'animal devient incapable de fournir l'effort demandé.

C'est dans le poumon que le sang veineux élimine son acide carbonique et qu'il renouvelle sa provision d'oxygène; ce faisant, il redevient propre à la respiration des tissus auxquels le distribuent les artères.

Il suit de là que la capacité pulmonaire est étroitement liée à la valeur des échanges gazeux en question, et l'on s'explique que les hommes de cheval la recherchent aussi grande que possible chez les chevaux de vitesse.

Mais, comment l'apprécier, si ce n'est en jugeant des trois dimensions de la poitrine (longueur, largeur, hauteur)? Pratiquement, cet examen est presque toujours suffisant. Quelquefois, cependant, il est indiqué de l'approfondir. Toutes choses égales d'ailleurs, on ne peut sûrement induire d'un développement pectoral identique à l'égalité de la puissance respiratoire. Cela tient à la provision différente d'oxygène que le sang est susceptible d'emmagasiner selon les sujets.

Vous allez tout de suite le comprendre :

Une faible quantité seulement de ce gaz est dissoute dans la partie liquide ou *plasma* du sang; la majeure quantité est combinée avec une matière colorante rouge, l'*hémoglobine*, qui compose presque exclusivement le stroma des globules rouges ou *hématies*, que le sang charrie en nombre véritablement énorme.

L'hémoglobine, substance protéique, riche en fer, est merveilleusement adaptée aux nécessités des échanges respiratoires ; son affinité pour l'oxygène est telle qu'elle ne peut, sans s'oxyder, subsister en présence de celui-ci. Aussi est-ce elle qui fixe ce gaz sur les globules rouges, lesquels le tiennent en réserve, mais le cèdent peu à peu au plasma, à mesure que celui-ci s'appauvrit, pour les besoins de la respiration des tissus dans les réseaux capillaires.

C'est la *tension* ou, si l'on préfère, le degré de concentration de l'oxygène dissous dans le plasma sanguin, plutôt que son abondance dans le sang, qui permet à ce liquide de pourvoir aux besoins respiratoires des tissus. Or, nous le savons déjà, le travail musculaire nécessite une consommation brusque et intense d'oxygène ; il entraîne donc dans le sang un abaissement important de la tension, qui annihilerait ses effets si l'organisme ne parvenait à remédier à cette perte de tension en accélérant la vitesse du courant sanguin, accélération qui permet aux muscles de prélever leur oxygène, en un temps donné, sur un volume de sang plus considérable.

Il s'agit là d'une action régulatrice qui a pour effet d'accroître le jeu du soufflet thoracique en vue de proportionner l'*hématose* ou la revivification du sang aux besoins de la circulation musculaire. La forte exsudation d'eau qui, sous forme de sueur, se produit pendant le travail, augmente encore la tension de l'oxygène dans le plasma, en rendant celui-ci moins abondant par rapport aux globules. Un résultat analogue se manifeste aussi du fait de l'accumulation de l'acide carbonique engendré par la contraction musculaire.

En résumé, la richesse de l'approvisionnement de l'organisme en hémoglobine, c'est-à-dire en globules rouges, est donc proportionnelle à la quantité de ce gaz que ces éléments peuvent fixer. C'est cette faculté que les physiologistes appellent la *capacité respiratoire* du sang. Mais il ne faut pas oublier que cette qualité ne vaut, pour l'entretien du travail en mode de vitesse, que par le jeu satisfaisant des mécanismes régulateurs de la tension de l'oxygène (active et profonde ventilation thoracique, excellent fonctionnement de la surface cutanée).

L'analyse scientifique justifie donc pleinement les pratiques de l'entraînement concernant la gymnastique respiratoire, l'emploi des longs pansages et des suées; grâce à elles, le cheval de vitesse apprend progressivement à se bien servir de ses poumons et sa peau devient plus apte à assurer les régulations diverses qui lui incombent.

Les recherches directes montrent que, comme la masse totale du sang, la capacité respiratoire du fluide nourricier n'apparaît pas identique d'un individu à l'autre. L'âge, la qualité, l'origine, l'état d'entraînement font ressortir des différences notables, dignes d'être évaluées.

Vous entrevoyez tout l'intérêt du dénombrement des globules rouges et de la détermination de leur densité quand il s'agit de connaître la richesse du sang en hémoglobine et, par cela même, sa capacité respiratoire. Ajouté aux indications tirées de l'examen de la poitrine, ce renseignement permettra, avant et pendant la période d'entraînement, de mieux apprécier les aptitudes respiratoires du sujet et d'en suivre plus facilement l'évolution sous l'influence de la gymnastique fonctionnelle. Eleveurs et entraîneurs de chevaux de course sont tout particulièrement intéressés à s'en préoccuper.

Deux procédés peuvent être mis en œuvre pour déterminer la valeur quantitative et qualitative des globules rouges.

Le plus usité actuellement par les physiologistes et les pathologistes est du domaine du laboratoire. Il s'applique à dénombrer les hématies (hématimétrie), puis à caractériser en quelque sorte leur richesse en hémoglobine ou leur pouvoir colorant (colorimétrie). La nécessité de posséder un hématimètre, un colorimètre et un microscope, ainsi que l'habitude du maniement de ces appareils, ne met pas ces sortes de recherches à la portée de tout le monde (1).

Chez le cheval, M. le professeur Hayem a trouvé en moyenne 7.400.000 hématies par millimètre cube de sang. Or, chez le

(1) On dilue 2 millimètres cubes de sang, obtenus par une piqûre de lancette, dans un liquide n'altérant pas les globules, en ayant soin de fixer exactement le titre de la dilution ; — on remplit ensuite un espace bien calibré et connu de ce mélange, et l'on compte les globules sur une étendue bien limitée de cet espace, ce qui donne la quantité de globules contenus dans l'unité de volume de la dilution; en multipliant ce nombre par le titre de cette dilution, on a la quantité de globules correspondant à l'unité de volume du sang (le millimètre cube).

cheval, la masse totale du sang représenterait le 1/18 du poids du corps, proportion qui donnerait, pour un sujet de 500 kilos, environ 27 litres de sang Cette « chair coulante », comme l'appelait Bordeu, vectrice de l'oxygène dans l'organisme, charrie donc le nombre véritablement prodigieux de 29 trillions 700 milliards de globules rouges !

Si, selon l'heureuse expression de Malassez, on veux supputer la valeur de cette « monnaie respiratoire », il convient de déterminer sa teneur en hémoglobine, soit par un procédé colorimétrique approprié, soit mieux par l'analyse chimique, quand, au lieu d'une seule goutte, on peut extraire une notable quantité de sang. Ici encore, ces recherches ne peuvent être entreprises par le premier venu (1).

Aussi, dès 1893, Biernacki, de Varsovie, s'est-il préoccupé de trouver un procédé d'hématologie plus simple, applicable notamment aux investigations permises de la clinique vétérinaire. Tout récemment, M. E. Césari, chef du laboratoire de l'abattoir hippophagique de Paris, l'un de nos plus distingués vétérinaires sanitaires, l'a systématiquement préconisé en France, en en fixant minutieusement le matériel expérimental et la technique (2).

Ce procédé consiste à prélever dans la jugulaire 9 centimètres de sang additionnés d'un centimètre cube d'une solution de fluorure de sodium, pour le rendre incoagulable, et à en laisser s'opérer la sédimentation spontanée dans une petite éprouvette cylindrique (3).

Il ne faut pas plus de 2 minutes pour l'ensemble de l'opération, et, pour peu qu'on se donne la peine de nettoyer préala-

(1) Les méthodes colorimétriques se résument à comparer, au moyen d'une double cellule de verre et d'une échelle de teintes colorées, la coloration d'une dilution titrée du sang à la teinte correspondante de l'échelle, teinte qui se rapporte à celle d'un sang dont on a fixé préalablement la richesse globulaire.

(2) E. Césari. *La sédimentation spontanée du sang chez le cheval ; un procédé simple d'hématologie clinique* (*In* Revue générale de Médecine vétérinaire, 15 nov. 1913, page 521).

(3) Comme solution anticoagulante, M. Césari emploie le fluorure de sodium à 3 o/o, dont il fait, avec le sang à examiner, une solution au 1/10 ; il utilise, en outre, une seringue médicale d'une contenance un peu supérieure à 10 centimètres cubes, munie d'une aiguille de 1 millimètre de diamètre pour faciliter l'aspiration rapide du sang ; enfin, une éprouvette cylin-

blement ou de toucher à la teinture d'iode le point de la piqûre, on écarte jusqu'à l'ombre d'un danger.

Dans ces conditions, les divers éléments figurés du sang se superposent par ordre de densité : les *globules rouges* ou hématies (sédiment rouge) au fond de l'éprouvette ; les *globules blancs* ou leucocytes et les *plaquettes* ou hématoblastes (sédiment blanc) en un anneau pâle surmontant les hématies ; enfin, une colonne liquide, de couleur citrine plus ou moins foncée, le *plasma* décanté.

M. Césari pense que, sur le cheval sain, la *vitesse de chute* des globules rouges, plus ou moins rapide pendant les 30 premières minutes, est sous la dépendance de la richesse hémoglobinique de ces éléments. Il y a donc un intérêt à juger de cette vitesse pour se rendre compte de la *valeur globulaire du sang*. A cet effet, il suffit de marquer d'un trait d'encre le niveau inférieur du plasma décanté au bout des 30 premières minutes. Soit h la hauteur de la colonne plasmatique ainsi obtenue ; soit H la hauteur de cette colone après 24 heures. Le rapport $\frac{h}{H}$ exprimera la vitesse de chute cherchée.

Le volume global des hématies est, à très peu de chose près, représenté par celui du sédiment rouge ; pratiquement, M. Césari estime que ce volume est en parfaite concordance avec le chiffre numérique des globules rouges. Il appelle *indice volumétrique* le rapport centésimal de la hauteur du sédi-

drique, de 8 à 9 millimètres de diamètre sur 22 à 24 centimètres de longueur, formée d'un simple tube fermé intérieurement par un petit bouchon cylindrique.

L'intervention consiste : 1° à aspirer dans la seringue une quantité de solution fluorurée un peu supérieure à 1 centimètre cube ; 2° à adapter l'aiguille à la seringue ; 3° à chasser doucement l'air, l'aiguille en haut, et rejeter, en se réglant sur la graduation, la portion de liquide fluorurée excédant le centimètre cube ; 4° à implanter, d'un seul coup et de bas en haut, l'aiguille dans la jugulaire, gonflée par compression au-dessous du point de pénétration ; 5° à cesser la compression sans déplacer l'aiguille et à tirer doucement le piston jusqu'à ce qu'il ait atteint l'extrémité de sa course (le sang pénètre aussitôt dans la seringue et occupe les 9 centimètres cubes libres en se mêlant à la solution anticoagulante) ; 6° à retirer la seringue et l'aiguille et à refouler doucement le mélange dans l'éprouvette en évitant de le faire mousser (ce à quoi l'on parvient en appliquant la canule contre la paroi) ; 7° à placer verticalement l'éprouvette sur un support et à laisser ainsi pendant 24 heures, temps largement suffisant pour que la sédimentation soit complète.

ment rouge à la hauteur totale du sang fluoruré dans le tube.

$$\text{Exemple : } \frac{\text{hauteur globulaire}}{\text{hauteur totale}} \times 100 = \text{indice volumétrique.}$$

Mais, comme les cliniciens ont depuis longtemps l'habitude d'évaluer numériquement la richesse globulaire, M. Césari a pris soin de dresser une table de correspondance entre les indices volumétriques obtenus par sa méthode et les chiffres résultant de la numération faite avec l'hématimètre Thoma-Zeiss. On voit, par exemple, qu'à l'indice volumétrique 35 correspond un chiffre de 7.500.000 globules rouges, par millimètre cube de sang.

Je laisse volontairement de côté, Messieurs, les renseignements fournis par l'étude du *sédiment blanc* (comprenant les leucocytes et les plaquettes) et par celle du *plasma*. Ils sont d'un haut intérêt au point de vue pathologique, mais ne nous éclairent pas sur les aptitudes mécaniques du cheval sain.

Tel que je viens de l'exposer, le procédé de la sédimentation, absolument inoffensif, se recommande par sa simplicité, sa rapidité, son prix insignifiant et la facilité avec laquelle chacun peut l'utiliser. Par rapport à celui de la numération globulaire, il a encore l'avantage de s'appliquer, non à du sang en stase capillaire, mais à du sang circulant, et de porter sur une masse 4.500 fois plus considérable, deux conditions qui réduisent d'une importante façon les chances d'erreur. Les anodins prélèvements qu'il impose stimulent plutôt la régénération du sang (hématopoïèse) qu'ils ne causent l'appauvrissement de ce liquide.

Naturellement, M. Césari a tenté d'utiliser son procédé à l'appréciation du cheval. C'est ainsi qu'il a vu chez les pur sang l'indice volumétrique dépasser le plus souvent le chiffre de 38 (correspondant à 9 millions de globules) ; qu'il l'a trouvé couramment de 36 (8 millions) chez les demi-sang, et seulement de 27 et au-dessous chez les sujets communs (5 millions et demi).

Par la méthode assez grossière des saignées, on savait déjà depuis longtemps que les chevaux de sang pur fournissaient une quantité plus considérable de fluide nourricier. M. le professeur Hayem, de la Faculté de médecine de Paris, chez les chiens de race, a fait de son côté des constatations analogues par rapport aux bâtards.

Enfin, il est tout à fait de circonstance de rappeler encore que M. le professeur F. Viault, de la Faculté de médecine de Bordeaux, a constaté, pendant son séjour dans les Cordillères du Pérou, à l'altitude moyenne de 4.000 mètres, que les Indiens utilisés comme courriers à pied dans la Sierra, où n'existent que des sentiers de montagne, présentent une *hyperglobulie* qui atteint 8 millions d'hématies par millimètre cube. Chez l'un d'eux, M. Viault en a même trouvé près de 10 millions, soit environ le double du chiffre normal.

De tels résultats appelaient des recherches de mise au point, souhaitées par M. Césari et que je me suis plu à encourager. Elles ont été entreprises par l'un de mes anciens élèves, M. Darrou, vétérinaire-major au 4e cuirassiers, à Cambrai, sur 23 chevaux de pur sang et 187 chevaux de demi-sang (de père et de mère), trotteurs pour la plupart, ou sans origine connue. Beaucoup de ces sujets ont été l'objet de plusieurs prélèvements, à intervalles variant de 2 jours à 2 mois. Les examens ont porté sur la vitesse de chute des hématies, les caractères du plasma, du sédiment blanc, du sédiment rouge, et sur l'indice volumétrique. De tous ces points, je ne veux retenir que ce qui est relatif à l'indice volumétrique, les autres offrant surtout de l'intérêt dans les états pathologiques.

Comme M. Césari, M. Darrou a constaté que l'évaluation en volume de la richesse des hématies donne une idée exacte de la valeur numérique ; le contrôle hématimétrique lui a montré une concordance presque parfaite entre l'indice volumétrique et le taux globulaire tel qu'il ressort de la table Césari.

Les chevaux de M. Darrou, bien que soumis aux mêmes conditions d'origine, de travail et d'entraînement, différaient cependant par l'âge, la condition, la qualité et l'origine.

Comparés à ceux de M. Césari, les chiffres de M. Darrou apparaissent tous beaucoup plus élevés, d'où nécessité de corroborer les uns ou les autres par de nouvelles observations.

En ce qui concerne l'âge, l'indice volumétriqne s'est montré plus fort entre 6 et 12 ans, plus faible entre 13 et 18 ans.

La condition, l'état d'entraînement, semblent jouer un grand rôle. Avant la période d'entraînement, un cheval de sous-officier avait comme indice 38,3 ; un mois plus tard, au moment de la course, cet indice était de 40,1. Chez les demi-sang, la condition ferait monter fréquemment l'indice de 1 ou 2 unités.

Sous le rapport de l'origine, les pur sang accusent une supériorité très nette. M. Darrou a toujours vu leur indice volumétrique dépasser 40 et même atteindre 51. On peut se demander si, dans ce dernier cas, la décantation du plasma était bien achevée au bout de 24 heures. Chez les demi-sang, issus de pur sang, et même chez quelques-uns issus de trotteurs, il a trouvé l'indice oscillant entre 32 et 43 ; les descendances de Fuschia, Cherbourg, Narcisse, Spahi, Juvigny, James Watt, Réséda, lui ont donné les meilleurs indices. Quant aux chevaux sans carte (4 seulement), ils se sont classés au bas de l'échelle, entre 27,2 et 29,8.

Avec M. Darrou, je pense qu'il est actuellement prématuré d'établir la part exacte qui incombe, dans les variations de l'indice volumétrique, à chacun des facteurs dont je viens de parler, facteurs dont les effets peuvent s'additionner ou se contrarier. Mais il semble bien ressortir que toujours la qualité affirmée s'accompagne d'un indice volumétrique plus élevé, encore qu'elle puisse être influencée par l'âge, la condition, une origine plus ou moins distinguée.

Ces premières recherches, Messieurs, sont assez concordantes pour en motiver de nouvelles. Quand il s'agit de moyennes à établir, la loi des grands nombres doit s'imposer. Les enseignants de nos Écoles, les vétérinaires militaires, ceux des haras, des éleveurs, des entraîneurs..... pourraient utilement s'appliquer au contrôle des résultats déjà communiqués ; partout où ils en auraient les moyens, ils feraient bien, en outre, de déterminer aussi, pour chaque cas, la valeur du taux globulaire correspondant à l'indice volumétrique trouvé.

Comme l'écrit si justement M. Césari, l'inoffensif et facile procédé de la sédimentation est une véritable *biopsie* qui permet de juger du coefficient respiratoire et des diverses autres qualités du sang. Peut-être trahira-t-il la part d'influence afférente à l'origine des géniteurs ; peut-être exprimera-t-il plus exactement les aptitudes mécaniques si variables des chevaux, en particulier des chevaux de course engagés dans des épreuves de fond; peut-être inspirera-t-il un régime alimentaire, une gymnastique corporelle, une hygiène du travail mieux adaptés aux conditions individuelles du moment; peut-être dénoncera-t-il, avant les signes cliniques, et précisera-t-il mieux nombre d'états pathologiques qui modifient la constitution globulaire et la composition chimique du plasma, en conduisant à l'institution d'un traitement plus rationnel et plus efficace.....

L'homme de cheval, l'entraîneur, le clinicien peuvent trouver d'importantes ressources dans l'application systématique du procédé de la sédimentation du sang. Ils n'auront pas à regretter d'être entrés dans cette voie.

Conclusions.

I. — La quantité et la qualité des globules rouges du sang sont variables selon les sujets, mais toujours indispensables à la production d'un rendement mécanique important; elles paraissent élevées chez les pur sang ou leurs métis de qualité, plus faibles chez les sujets sans origine, les âgés, les débilités, certains malades.

II. — L'évaluation de la capacité respiratoire du sang et de sa richesse globulaire peut se faire avec une précision suffisante au moyen du procédé de la sédimentation, qui est facile, rapide et inoffensif.

III. — Il est indiqué d'appliquer cette méthode chaque fois qu'on a intérêt à se renseigner exactement sur la valeur et les différences de la puissance respiratoire, comme sur l'état de santé des chevaux appelés à fournir un travail locomoteur intense, rapide et soutenu.

IV. — On en tirerait de précieux renseignements concernant les aptitudes mécaniques, l'origine, la qualité, le régime, la gymnastique locomotrice, l'hygiène... touchant les chevaux de service, leurs états morbides et les moyens de les combattre. (*Vifs applaudissements.*)

M. le Président. — Messieurs, je suis persuadé que je suis votre interprète à tous en adressant à M. le Professeur G. Barrier mes bien sincères remerciements pour sa remarquable communication. (*Applaudissements unanimes.*)

Les communications de M. le Professeur G. Barrier sont toujours si documentées et si impartiales que, chaque année, elles sont attendues avec la plus vive impatience par tous les membres du Congrès, dont elles sont un des principaux et des plus importants attraits. (*Vifs applaudissements.*)

La Qualification du Demi-Sang

M. Louis Baume. — La qualification du cheval de demi-sang est, en France, une question qui est un peu à sa naissance, puisqu'on ne l'a jamais résolue scientifiquement.

Qu'est-ce que le demi-sang ? Les profanes et même de notables professeurs, plus ou moins officiels, répondent : c'est un métis. Erreur profonde, puisque nous avons aujourd'hui, au programme officiel du Concours central, des races de demi-sang.

En réalité, le demi-sang est très intéressant quand il se fixe dans une variété. En France, nous en avons plusieurs.

En principe, on admet que le demi-sang est le produit d'un ascendant ayant du sang — c'est-à-dire dérivé d'une façon plus ou moins directe des races considérées commes pures — avec la jument indigène. Cette élasticité de termes n'est plus en rapport avec l'état actuel de la production.

Il n'y a plus que des ignorants à dire que le demi-sang est un bâtard. Il peut l'être évidemment, mais il a été fait trop de variétés dérivées du sang pour qu'on puisse continuer un tel langage.

Ce qu'on appelle le sang, c'est le sang oriental, parce que la famille arabe, qui a produit le pur sang anglais et nos demi-sang, était la seule fixée, ayant une origine ancienne, que d'ailleurs on n'a pas recueillie. On affirme bien que la race kocklani remonte à deux mille ans, et c'est probable puisque c'est presque de l'histoire, mais, en réalité, on n'a pas le pedigree des trois étalons orientaux qui ont contribué seuls à fournir la race des pur sang anglais.

Quant aux femelles, auxquelles ils furent mariés, on cite en première ligne les Royal-Mares — juments au nombre d'une trentaine — importées d'Orient et présumées pures. Il n'est pas douteux que tout le pur sang anglais n'est pas dérivé d'elles, et que de notables juments indigènes, appartenant à la race anglo-saxonne, qui a existé à la même époque en Normandie, donnèrent de bonnes souches. Ce sont elles qui ont transmis l'ampleur et la force, qu'on remarque encore chez certaines familles de pur sang, malheureusement de moins en moins nombreuses.

Malheureusement, l'épreuve unique sur la vitesse a éliminé dans le Stud du pur sang, uniquement sélectionné sur les courses, les éléments primitifs les plus favorables à conserver la force et le poids des races du Nord, et les Anglais, pour faire leur hunter, ont dû faire appel à des étalons de familles qui n'étaient pas « running », c'est-à-dire qui n'étaient pas sélectionnés sur la vitesse.

Je vous donne ces aperçus historiques élémentaires, qui pourraient conclure à ce que le pur sang anglais est souvent, à son origine primitive, un demi-sang tout simple et même un métis. Avec le temps, il est devenu un pur sang, et même dans les bons performers — surtout dans certaines têtes qui rappellent les races du Nord — on reconnaît l'ancien alliage.

Or, les Anglais durent renoncer, au galop, aux courses de demi-sang, après les avoir favorisées au début. Pourquoi ? Parce que la fraude était trop facile et qu'il n'y avait même pas besoin d'en faire, puisque la règle était de considérer comme demi-sang les chevaux qui n'étaient pas inscrits au Stud-Book. Avec cette règle on avait beau jeu pour faire des demi-sang, puisqu'il était plus facile de ne pas faire inscrire un cheval au Stud-Book que de l'y faire inscrire. Une tache dans le pedigree — et combien de pur sang inscrits en avaient — suffisait à mettre un cheval dans le demi-sang, et tant que cette classe eut des privilèges en plat et en obstacles, on put dire couramment, en Angleterre : « Halfbreed, false breed ».

Nous avons aussi connu une époque semblable, il y a une trentaine d'années, et les courses de demi-sang, au galop, ont succcombé devant des présomptions de fraudes. On les a reprises, d'une façon qui peut être fort heureuse si on arrive à délimiter le demi-sang. Il ne faut pas, en effet, que les éleveurs de chevaux de demi-sang tracé, donnant leur origine exacte depuis six à huit générations, et pouvant permettre de juger que s'ils ont un degré de sang plus ou moins avancé — du moins ils sont incontestablement, sinon des demi-sang, mais au moins des trois-quarts de sang — il ne faut pas qu'ils aient à craindre la concurrence des pur sang des grandes origines, qu'on mettrait sournoisement dans le rang. Je sais bien qu'il pourrait arriver que ces pur sang seraient battus par de vrais demi-sang — et l'événement s'est souvent produit — mais il faut une sécurité pour l'éleveur, qui n'est que trop disposé à craindre la fraude.

Or, nous avons vu apparaître, cette année, une nouvelle définition du demi-sang, sous la signature de M. le Ministre de l'Agriculture, à la date du 30 janvier.

Elle est ainsi concue :

Le Ministre de l'Agriculture,
Vu les arrêtés du 6 juin 1899 et du 15 janvier 1900 ;
Vu l'avis du Comité des Inspecteurs généraux des Haras ;
Sur la proposition du Directeur des Haras,

Arrête :

Article premier. — Sont qualifiés de demi-sang :

1° Les produits issus d'étalons nationaux, approuvés ou autorisés, dont les certificats d'origine délivrés par l'Administration des Haras ou visés par elle attribuent la qualité de demi-sang à l'un au moins de leurs ascendants ;

2° Après examen du Service des Haras, les produits issus de croisements d'animaux de trait avec des animaux de pur sang.

Art. 2. — Aucune jument ne sera indiquée comme étant de demi-sang sur les cartes de saillie, qu'autant que son propriétaire présentera à l'appui de sa déclaration des pièces prouvant qu'elle est issue d'un père ou d'une mère de demi-sang.

Art. 3. — Après examen du Service des Haras, pourront également être qualifiées de demi-sang les juments d'importation étran-

gère (notamment irlandaise ou anglaise), de formule compacte et puissante présentant notoirement les caractères d'un animal de demi-sang et possédant un indice de compacité minimum de 3.20, c'est-à-dire pesant 3 kil. 20, par centimètre de taille. Tout animal douteux sera écarté. Le poids ne sera jamais pris alors que la jument sera dans un état de gestation reconnu.

Art. 4. — Seront qualifiés demi-sang anglo-arabe, les animaux de demi-sang comptant au moins 25 % de sang arabe, à l'exclusion des produits directs d'un auteur de demi-sang étranger à l'espèce, ou de trait, ou d'origine inconnue : la dose de sang arabe restant acquise pour les générations suivantes.

Cette décision n'aura pas d'effet rétroactif et ne s'appliquera qu'aux produits à naître à partir de 1915.

Art. 5. — Le Directeur des Haras est chargé d'assurer l'exécution du présent arrêté.

Fait à Paris, le 30 janvier 1914.

Raynaud.

Ainsi, la qualification du demi-sang français, déjà si peu scientifique, et s'occupant trop peu de nos superbes variétés anglo-normandes, demi-sang arabes du Centre et du Midi et postières, admet un élément nouveau : le poids spécifique, c'est-à-dire le poids par rapport à la taille. On écarte l'état de gestation, ce qu'on ne saura peut-être pas toujours découvrir, mais on ne se préoccupe pas de l'état d'âge et de nourriture, qui peut modifier de cent kilos le poids d'un sujet. En somme, celui qui veut faire le demi-sang de l'avenir, pour galoper, doit se préoccuper de chercher une jument anglaise ou américaine de pur sang, sans papiers, n'ayant pas trop de taille et faisant du poids, pour être qualifiée de demi-sang, et elle fera des demi-sang à perpétuité.

Ce sont des erreurs de ce genre qui ont aboli, en Angleterre, les courses de demi-sang au galop et en obstacles. On ne peut pas lutter, quand on donne des armes pareilles à la fraude, pour rassurer les éleveurs consciencieux qui voudraient soumettre à des épreuves de galop et d'obstacles de véritables demi-sang français.

La Société du Demi-Sang a inauguré, depuis deux ans, des steeple-chases pour demi-sang trotteurs, qui ont prouvé que les demi-sang anglo-normands, de qualité éprouvée au trot, pouvaient figurer honorablement. En 1913, on a admis tous les demi-sang, c'est-à-dire tous les chevaux ayant une carte d'origine et n'étant pas de pur sang.

Ceux-là encore, bien qu'ayant souvent 97 p. 100 de sang pur, justifié par leur pedigree, devront s'incliner devant le produit de la jument inconnue — qui ne dit pas son nom, mais qu'on aura revue — et qui, saillie par un étalon de pur sang approprié, donnera un produit sûr de gagner sa vie, si ce n'est pas dans les plus grandes épreuves, du moins dans celles destinées aux chevaux d'armes.

Ainsi, les facilités nouvelles ouvertes à la fraude vont à l'encontre de toutes les bonnes volontés, et on dira probablement que c'est la faute des trotteurs, si les courses au galop de demi-sang ne réussissent pas à vaincre les appréhensions de l'élevage et retombent, comme en Angleterre, dans le dédain qui sanctionne finalement tout ce qui n'a pas été scientifique et régulier.

Je ne veux vous proposer aucun vœu aujourd'hui, que le suivant : « Il serait désirable que l'Administration des Haras étudie et soumette aux Pouvoirs publics des définitions exactes de nos différentes races de demi-sang, basées sur leurs origines et leur dosage de sang, pour pouvoir servir aux Sociétés de courses dans leurs programmes et faire écarter la possibilité des fraudes, autres que celles que les tribunaux répriment ».

C'est donc un jalon qu'il faut poser pour l'avenir, en même temps qu'une émotion pour l'admission, au rang de demi-sang, de bêtes inconnues, dont le poids préparé par rapport à la taille serait le seul critérium leur permettant de faire le demi-sang de l'avenir. (*Applaudissements.*)

Le vœu présenté par M. Baume est adopté.

(La séance est levée à sept heures et renvoyée au lendemain soir à quatre heures et demie.)

Séance du Vendredi 19 Juin

Présidence de M. Emile Loubet

M. le Président. — La parole est à M. de Lagorsse.

M le Secrétaire général. — Je viens du Concours agricole ; beaucoup de nos collègues m'ont témoigné le désir d'assister à notre séance ; ceux d'entre eux qui sont déjà ici sont venus avec la vitesse des automobiles ; le défilé des animaux, qui a eu lieu devant M. le Ministre de l'Agriculture, n'a pris fin qu'à quatre heures dix. Nos collègues ne devant pas tarder à arriver, nous pouvons aborder notre ordre du jour.

Je rappelle que la séance de demain est fixée à neuf heures du matin. Ce sera notre dernière séance, car nous espérons épuiser notre ordre du jour.

Le banquet qui clôturera le Congrès aura lieu le soir, à sept heures et demie, et sera présidé par M. le Ministre de l'Agriculture qui, malgré un engagement qu'il avait déjà pris vis-à-vis de M. le Président du Sénat, nous a promis de se trouver demain soir au milieu de nous, ce dont nous lui savons un gré particulier. *(Applaudissements.)*

Les Etalons porteurs de Germes infectieux

M. H. Vallée, directeur de l'Ecole nationale vétérinaire d'Alfort. — La notion des porteurs de germes est fructueusement entrée, depuis quelques années déjà, dans le domaine des connaissances médicales. L'on désigne sous cette appellation, dans les deux médecines, des sujets qui, guéris, en apparence tout au moins, d'une maladie infectieuse, conservent dans leur organisme, sous une forme dangereuse, les germes microbiens dont ils ont eu à souffrir. Ces sujets, on le devine, répandent autour d'eux les microbes qu'ils recèlent, semant la maladie et la contagion dans leur entourage, tandis qu'ils demeurent indemnes parmi leurs victimes, vaccinés qu'ils sont par leur infection guérie ou éteinte.

C'est ainsi, notamment, que l'enfant convalescent de diphtérie, trop vite rendu à la vie commune et à l'école, contamine sa famille et ses condisciples. C'est ainsi encore que l'individu guéri de fièvre typhoïde assure, de par ses déjections, et pendant un temps variable, la souillure microbienne du milieu qu'il habite.

La notion des porteurs de germes n'offre pas moins d'intérêt en médecine vétérinaire qu'en médecine humaine, et pour deux maladies infectieuses du cheval principalement, sa connaissance est d'importance essentielle. Ce sont l'anémie infectieuse et la fièvre typhoïde. L'une et l'autre sont déterminées par des microbes d'un type spécial, si ténus, qu'ils sont invisibles même au microscope et traversent les bougies filtrantes capables de retenir les germes microbiens du type courant.

***

Dès 1825, avec Bénard (1), la propagation de la fièvre typhoïde,

(1) Consulter à ce sujet Trasbot, *Bulletin de la Société Centrale de Médecine vétérinaire*, 1884, p. 321. Panisset, *Revue générale de Médecine vétériaaire*, t. XXII, p. 673.

dont la nature intime est alors inconnue, est signalée chez la jument saillie par des étalons guéris de cette infection. Delamare fait d'analogues constatations, mais les faits les plus démonstratifs sont produits en l'espèce par Deglaire, de Sedan, en 1884, et dès cette époque, le rôle fâcheux de l'étalon guéri de typhoïde est nettement établi.

Les faits qu'apporte Deglaire sont, en effet, lumineusement précis. Voici, entre autres, l'histoire de l'un des étalons qu'il lui fut donné d'observer. Atteint de typhoïde en septembre 1881, l'animal, vite rétabli, commence ses saillies en janvier 1882 et infecte la contrée « en transmettant le mal, pourrait-on dire, à coup sûr ». Avec la cessation des saillies, la maladie disparaît. Mais l'épizootie recommence avec elles, en 1883, avec un autre étalon qui, deux années durant, assure la contamination des juments qu'il couvre. Et tous ces porteurs de virus ne cessent de conserver les apparences d'une parfaite santé (1).

L'on comprend mal que les constatations si curieuses de Deglaire, doublées des faits rapportés à leur occasion par Cagny, n'aient point soulevé plus d'émotion. A dater de ce jour, cependant, la notion de l'existence des « porteurs de germes » était établie d'indiscutable façon et les publications postérieures en date ne font que confirmer des données acquises.

A l'étranger, divers travaux issus de Clark, de Jensen, de Reeks, de Grimm, de Steenbergen, de Schutt, de Bergman, attirent l'attention sur le rôle infectant des étalons guéris de typhoïde et l'expérimentation enrichit cette notion de lumières nouvelles.

C'est tout d'abord Pœls, qui démontre la virulence, pour le cheval neuf, du sperme d'un étalon guéri de fièvre typhoïde. Puis Reeser et Bemelmans, qui établissent que l'inoculation intra-veineuse du sperme de l'étalon guéri détermine la maladie chez le cheval, que le sperme soit inoculé en nature ou filtré sur bougie Chamberland. Et l'étalon infecté restant fécond, Bemelmans estime avec raison que le virus se cantonne dans les vésicules séminales.

Cette opinion rencontre d'ailleurs une base favorable dans les

(1) Deglaire. Mémoire déposé en 1882, rapporté par Trasbot, in. *Bulletin de la Société Centrale de Médecine vétérinaire*, 1884, p. 321-328.

expériences de Gallandat-Huet (1) qui retrouve des germes spécifiques vivants dans les vésicules séminales d'animaux guéris du rouget, de la fièvre charbonneuse ou d'une infection par le streptocoque gourmeux. Elle est définitivement confirmée par les recherches de Bergman qui démontrent la virulence certaine du contenu des vésicules séminales et de la sécrétion prostatique d'un étalon infecté sept ans, au moins, avant son sacrifice et cette ultime expérience.

Ce que peut durer la capacité infectante de l'étalon guéri de fièvre typhoïde, les constatations de Bergman l'indiquent nettement ! En sept saisons de monte (1906-1912), le porteur de germes qu'il étudie contamine 158 juments, et l'on peut penser qu'il n'a point donné toute sa mesure, l'abatage ayant mis un terme à ses méfaits et nombre de juments qui lui furent fournies étant réfractaires — car guéries d'une infection première.

***

En ce qui a trait à l'anémie infectieuse du cheval, la notion des porteurs de virus remonte seulement aux travaux qu'avec Carré, j'ai poursuivis sur la nature de cette infection, en 1906 et 1907. Mais ici, une première question se pose : la typho-anémie, l'anémie infectieuse du cheval, guérit-elle au sens strict de ce terme ?

Nous n'hésitons point, Carré et moi, à répondre non. Quoiqu'il demeure porteur de germes, l'étalon guéri de typhoïde jouit réellement de tous les attributs de la santé. Le cheval réputé guéri d'anémie n'est, à notre avis, le plus souvent, qu'un sujet « blanchi ».

Au cours de nos longues recherches sur cette maladie — recherches encore inachevées — nous avons, à diverses reprises, enregistré, chez nos malades, des guérisons apparentes qu'on aurait pu croire définitives si les sujets qui en faisaient l'objet n'avaient été longtemps suivis et soumis à un contrôle rigoureux. Tel malade qui, guéri en apparence, n'offre plus aucun symptôme de la maladie, ni poussée thermique, se révèle cependant toujours infecté : son urine, albumineuse encore, est

(1) Gallandat-Huet. *Samenblaschen als Virusträger.* Centralblatt für Bakter. Origin., t. LII, p. 477.

virulente, et son sang se montre infectant lorsqu'on l'inocule au cheval neuf.

Ces sujets blanchis importent avec eux la contagion dans les écuries jusque-là indemnes et demeurent seuls debout parmi leurs victimes. Ils offrent d'ailleurs une inaptitude parfaite à la réinfection et nous avons pu, avec Carré, réinoculer à l'un d'eux près de six litres de sang virulent, quantité capable de tuer des milliers de chevaux neufs, sans déterminer chez lui le moindre trouble.

Cette inaptitude à la réinfection, autant que dure la maladie sous une forme latente, n'est point une qualité propre à l'organisme du cheval porteur de germes de l'anémie. On l'observe dans presque toutes les infections chroniques, piroplasmoses, spirilloses et dans la syphilis, notamment. Il est à penser, d'ailleurs, que, guérie, la maladie ne laisse point d'immunité derrière elle et qu'elle est alors susceptible de récidiver à l'exemple de la syphilis.

A l'heure actuelle, il nous est impossible de nous prononcer sur la durée exacte de l'excrétion virulente des anémiques blanchis. Nous savons en tout cas qu'elle peut se prolonger durant des années, et nous considérons, Carré et moi, que, dans les régions où sévit l'infection, tout cheval nouvellement acheté doit faire l'objet, à ce point de vue particulier, d'une surveillance spéciale. Un cheval réputé neuf, importé en un milieu indemne, doit être soumis à une quarantaine d'un bon mois avant que de prendre place dans l'écurie commune. Cette stabulation se fera heureusement, pour plus de commodité, dans l'étable des bovins, espèce réfractaire à l'anémie infectieuse.

Dans le plus bref délai possible, les urines de l'animal seront examinées, quant à la recherche de l'albumine qu'elles pourraient contenir. Nos constatations établissent, en effet, que chez les malades les plus améliorés, les mieux guéris en apparence, il est exceptionnel que l'urine ne recèle pas encore de l'albumine en quantité plus ou moins abondante.

Sans être absolu, sans doute, ce critérium offre une valeur réelle : il est, dans tous les cas, fort aisé d'y avoir recours et l'on n'est point ici complétement désarmé dans la recherche de ces porte-virus que seuls révèlent leurs méfaits, lorsqu'il s'agit d'étalons guéris de fièvre typhoïde. En ce qui concerne ces derniers, si l'on peut espérer que tous ne se montrent point indéfiniment redoutables, nombre d'entre eux restent dangereux durant deux ans au moins.

De telles constatations appellent de la part des éleveurs une surveillance spéciale de leurs étalons, qui ne mérite point évidemment ni d'être codifiée, ni d'être permanente, mais dont l'opportunité se dégagera de l'état pathologique du moment ou du milieu. (*Applaudissements*).

M. Meyranx. — Dans la plaine de Tarbes, la fièvre typhoïde sévit à l'état endémique. Cet état de chose s'explique, sans doute, par les raisons que vient de donner M. Vallée.

M. le Président. — Je remercie M. le professeur Vallée de son intéressante communication. Nous espérons que par la publicité qu'on pourra faire de cette communication, on parviendra à diminuer la gravité des dangers que font courir à l'élevage les redoutables infections dont il vient de parler. (*Applaudissements.*)

La Production du Cheval de trait et son Amélioration

M. P. Dechambre, professeur à l'Ecole nationale vétérinaire d'Alfort. — Monsieur le Président, Messieurs, je tiens, tout d'abord, à remercier MM. les Membres du Bureau de la Société nationale d'encouragement à l'Agriculture de l'honneur qu'ils m'ont fait en me demandant de traiter devant le Congrès la question de la production du cheval de trait. Le choix de ce sujet, venant après les remarquables rapports présentés aux précédents Congrès sur le cheval de vitesse, le cheval d'artillerie, la crise du demi-sang, montre bien le souci de ne laisser dans l'ombre aucune des modalités de la production chevaline contemporaine et de rechercher, avec le même sens pratique et le même désir de réalisation, le perfectionnement dont toutes sont susceptibles. L'importance du sujet est telle que, dans le peu de temps dont je dispose, je me propose de traiter seulement les points qui me paraissent le plus dignes de retenir votre attention.

Je me bornerai donc à constater le maintien de l'effectif de nos chevaux de trait et à dire que, dans les conditions économiques actuelles, l'élevage du gros cheval est certainement celui qui a le mieux résisté à la concurrence de la traction mécanique. Il faut cependant songer à l'avenir et ne pas se trouver désemparé en face d'une évolution toujours menaçante. Pour cela, il faut surveiller et accroître les débouchés et, pour y parvenir, augmenter et améliorer la production. Quels sont donc les éléments de nature à influencer celle-ci?

Ces éléments essentiels peuvent se ramener aux quatre points suivants :

1° Le modèle ;

2° Les milieux favorables ;

3° Les méthodes de multiplication ;

4° Les soins à donner à l'élevage.

I. — Le modèle.

Le cheval qualifié « de trait » est essentiellement un animal trapu et massif, travaillant en mode de force; mais son modèle doit néanmoins s'adapter aux exigences multiples des services de grosse utilité qu'il est appelé à remplir.

Il y aura donc des chevaux de gros trait lent, travaillant toujours au pas, pour démarrer et traîner de lourdes charges. Chez eux, on recherchera nécessairement la masse alliée à un développement de la musculature et à une grande résistance squelettique. On ne saurait pourtant dépasser la mesure. L'animal trop lourd est un gros mangeur exigeant une ration d'entretien onéreuse; sauf pour quelques services spéciaux, il n'y a pas avantage à amplifier à l'extrême les formes corporelles. Les Américains, qui manifestaient une prédilection bien connue en faveur des chevaux énormes, reviennent de cet exclusivisme et se déterminent, actuellement, pour un modèle moins pesant et plus agile. Le format normal pour le gros trait lent est compris entre 600 et 700 kilos. La conformation reste, toutefois, ce qu'elle a toujours été : un animal aux muscles courts et épais, dont le tronc cylindrique, le poitrail large et la croupe ample reposent sur des membres courts, aux articulations solides.

Les chevaux qui, en même temps que de la force, doivent fournir une certaine vitesse, seront certainement moins lourds et moins trapus. Ils gardent des formes robustes, tout en devenant capables d'une plus grande dépense d'énergie à un moment donné. Ces chevaux mixtes restent très demandés par le commerce; ils rendent aussi de grands services dans les exploitations agricoles par leur facilité à se plier à des besoins multiples : labours, charrois sur route, traction des faucheuses et des moissonneuses, attelage des semoirs, herses, distributeurs d'engrais, etc., dont l'usage est de plus en plus répandu dans la moyenne culture, et où des moteurs trop lourds ne conviendraient pas, parce qu'ils n'iraient pas assez vite.

Ce modèle pèsera de 500 à 550 kilos; il aura des proportions moyennes, une taille de 1m60 environ et une longueur corporelle sensiblement égale à sa hauteur à l'épaule. Assez peu différent de l'artilleur, dont le portrait a été si bien défini devant le Congrès par M. G. Barrier, il rassemblera les chevaux un peu trop lourds ou trop grands pour traîner les canons et ceux qui n'auront pas la trempe suffisante pour être acceptés dans ce service. Sa production n'en sera pas moins fort intéressante à considérer, en raison des débouchés variés qu'il possède.

Les deux modèles dont nous venons d'esquisser les caractéristiques existent d'ailleurs dans la plupart de nos races de trait; leur production ne peut que difficilement être séparée. Bien souvent, ces deux types sont reversibles l'un dans l'autre, étant tous deux le résultat du milieu où ils ont été produits ou élevés. Dans tous les cas, leur perfection et leur régularité dépendent du choix des reproducteurs, et il est bien entendu que celui de la jument doit être fait avec autant de soin que celui de l'étalon. Je n'insiste pas, à dessein, sur ce point spécial, non plus que sur la nécessité de prendre des géniteurs parfaitement exempts de tares et de maladies transmissibles, cette importante question devant faire l'objet d'une communication particulière de l'un de nos collègues.

II. — **Les milieux favorables**

Une des notions les mieux établies de la Zootechnie contemporaine semble bien être l'action exercée par le milieu sur les animaux. La formule « la race est le reflet du sol » est toujours vraie; mais elle acquiert une plus grande précision dès qu'on la modifie en disant que « la race est la résultante du milieu ». C'est là une notion parfaitement acquise et l'espèce humaine n'échappe pas plus à cette règle que les espèces animales ; mais il faut bien voir que, dans le milieu envisagé, plusieurs facteurs sont associés, dont les principaux sont le sol et le climat.

Dès le début de la crise du demi-sang, on put constater, dans des régions jusqu'alors réservées au cheval fin, l'arrivée de poulains de trait qui occupèrent les herbages ou l'envoi des juments aux gros étalons. Dans d'autres contrées, à plusieurs reprises, on chercha, sans y réussir, à installer l'élevage de trait. C'est ce qui se passe en particulier dans certains points du bassin de la Garonne, en raison des facteurs locaux qui interviennent. On sait, d'une manière générale, que l'humidité du climat est un facteur de l'amplification des formes ; les observations faites sur les races bovines en fournissent la preuve. Cependant, il ne faut pas voir la seule action du climat; le sol intervient certainement par sa nature géologique, influençant la composition et la valeur nutritive des végétaux dont les animaux se nourrissent.

La relation de tous ces éléments entre eux et avec la constitution ou le tempérament des espèces animales est une chose bien connue. Il suffit de comparer les races des terrains granitiques à celles des terrains calcaires, sédimentaires ou composés. Les premières sont petites, malingres, mal conformées ; les autres sont fortes, lourdes, et de formes amples. Les moutons corses et les moutons lauraguais, les bretons et les normands, les auvergnats du Lévezou granitique et ceux de la Limagne, les bœufs garonnais et ceux des Ségalas, les bretons de la lande ou de la montagne et ceux de la ceinture dorée, sont des exemples classiques. Le charolais, né sur le lias, ne peut pas vivre dans les terres pauvres. L'extension de son aire géographique est même une démonstration éclatante de la relation entre une population animale et le milieu, en même temps qu'une claire explication de la possibilité de l'extension d'une race donnée et des avantages économiques que l'on en retire quand on tient compte du rôle des facteurs naturels : le charolais a gagné dans le Centre et le Centre-Est, partout où le sol riche, fertile et humide, peut porter de bons herbages. La race blanche s'en est allée sur le lias, support par excellence des prairies herbagères. Le Nivernais, le Charolais, le Brionnais, la Terre-Plaine, les points de la Haute-Marne où la race est passée sont dans ce cas. Dans les Vosges même, où tant de races bovines se heurtent et se croisent, le charolais a pu se maintenir sur quelques émergences liasiques qui portent de bonnes prairies. Ailleurs, la race périclite ; elle ne prend ni l'ampleur de formes, ni la précocité qui la font tant rechercher.

Il en est exactement de même pour le cheval. Ce n'est pas

parce que le besoin de lutter contre des difficultés économiques momentanées pousse certains éleveurs à entretenir de grosses juments où à élever de gros poulains au lieu de chevaux fins, que cette spéculation doit s'étendre et se généraliser partout avec le même succès. Elle ne peut convenir que là où le milieu s'y prête. Dans le Limousin, par exemple, où l'on n'est parvenu à grossir la race bovine qu'au prix de tant de difficultés, on ne saurait faire du gros cheval ; dans la Manche, même, hors les zones très fertiles qui ont reçu de copieux amendements calcaires, on est mal placé pour cette production.

Nous ne pouvons pas engager indifféremment tous les éleveurs à se lancer dans l'élevage du cheval de trait, pour aussi rémunérateur que paraisse celui-ci à l'heure actuelle. La multiplication en sera réservée aux régions de production herbagère riche, et l'élevage aux pays de culture qui, en général, bordent ces régions herbagères. C'est dans le Boulonnais, la Somme, la Seine-Inférieure, les Ardennes, la Champagne, la Basse-Normandie, le Perche, la Beauce, le Nivernais, quelques points du Berry, le nord de la Bretagne, que cette production doit se maintenir et se perfectionner. Les zones herbagères y voisinent avec les zones culturales ; les centres de multiplication y envoient des jeunes aux centres d'élevage. La Beauce pour le Perche, le Vimeux pour le Boulonnais, la Champagne pour l'Est, la région agricole de l'Yonne pour le Nivernais et le Morvan, affirment, par leurs relations commerciales, la nécessité de cette division du travail dans la production chevaline. Cependant, la cause n'en est pas uniquement dans des mouvements d'affaires. Elle est liée à l'observation séculaire de l'action du milieu sur le développement des jeunes. Les naisseurs ont évidemment intérêt à se débarrasser de leur production de l'année pour faire place à celle qui va venir. Mais le jeune cheval bénéficie du même coup d'un changement de terrain et de nourriture. Ainsi le prouve le développement des poulains de la Manche élevés dans le Calvados, de ceux du Morvan passés dans le Sénonais, des ardennais amenés en Champagne, des tarbais grandis dans le Gers, des anglo-arabes du Limousin transplantés dans les plaines fertiles du Cantal, etc.

Notre conclusion est donc que le cheval de gros trait, en tant que poulain ou jeune d'élevage, est à sa place dans les contrées riches, à climat doux et humide, et que c'est aller au devant de grandes difficultés, sinon de déboires, que de vouloir l'introtroduire dans des contrées où jusqu'à présent, il n'a pu réussir et où se plaît préférablement le cheval fin.

III. — Les méthodes de multiplication

S'il importe que les animaux se développent dans un milieu approprié à leur tempérament et à leur masse, il est non moins utile que ceux destinés à la multiplication subissent la même adaptation. Leurs produits en bénéficieront immédiatement, ce qui assurera la régularité et la perfection de leur croissance. On en arrivera donc à affirmer que, pour les races de chevaux aussi bien que pour les races bovines, c'est la sélection qui est la méthode de choix. Le mécanisme normal de la reproduction consistera dans l'emploi de reproducteurs appartenant à la population même qu'il s'agit d'améliorer. Nous ne pouvons détailler l'étude de la sélection, ni établir un parallèle entre cette méthode et le croisement; l'une et l'autre ont leurs inconvénients et leurs avantages. Dans le cas qui nous occupe, la multiplication à l'aide des éléments indigènes est celle qui assure le maximum de chances de succès, à la condition expresse que les reproducteurs répondent aux exigences de modèle, de conformation, de valeur héréditaire, etc., auxquelles il a été fait allusion plus haut.

Cependant, cette formule, pour importante qu'elle soit, ne peut pas être absolue. La sélection est un procédé utile; elle permet d'améliorer nos races en affirmant leurs caractères dans le sens de la conservation d'un type et de l'adaptation à un service défini. Mais elle n'est applicable qu'aux populations dont les caractères sont bien dégagés ou dont l'amélioration est en bonne voie. Ce serait une faute économique de s'appuyer sur le principe de la reproduction par les éléments indigènes pour excuser le choix de sujets pris dans des populations en état de variation désordonnée.

Dans certaines régions où l'élevage est défectueux, dans celles où on n'a pas su conserver à la race originelle une physionomie définie, il faut forcément avoir recours à des éléments extérieurs, sous peine de perdre un temps considérable. Cette nécessaire restriction à la doctrine de la sélection dont nous sommes partisans, n'aura pas d'inconvénients si, dès le début des opérations, on choisit comme race croisante celle qui s'éloigne le moins possible du type indigène. Tant de fois on a multiplié des essais inutiles, par l'apport d'éléments étrangers qui ont accentué la variation désordonnée contre laquelle on prétendait lutter, que cette indication, bien qu'évidente, doit être donnée.

Il appartiendra aux organisations constituées en vue de l'amélioration, aux associations ou syndicats d'élevage, de rechercher le modèle le plus convenable et de le propager. Dans la suite, la sélection interviendra ; l'indigénat jouera son rôle bienfaisant ; employé exclusivement, dès le début, il ne conduirait qu'à des résultats fâcheux et peu encourageants.

Il convient, en définitive, de se prononcer en faveur de la sélection, par l'emploi des meilleurs éléments autochtones, sauf dans les régions où se heurtent des tendances variées ou contradictoires et celles où nulle amélioration n'a été essayée. Là, pour gagner du temps, le croisement avec une race convenablement choisie précèdera la reproduction par indigénat.

IV. — L'amélioration de la pratique de l'élevage

Il reste à examiner un dernier point très important : ce sont les améliorations à apporter dans la pratique de l'élevage. Les conseils qu'il y a lieu de donner ici, au moins pour certaines contrées, sont la conséquence de ce que l'on sait du développement des jeunes, de la marche de la croissance et de l'influence exercée par l'alimentation et l'hygiène.

Toutes les expériences et observations faites par de nombreux auteurs ont appris que la croissance est d'autant plus rapide que l'on considère un moment plus rapproché de la naissance et que sa vitesse se ralentit à mesure qu'approche l'âge adulte qui en marque le terme. Il est donc de toute première importance que, durant cette période initiale, l'organisme reçoive tous les éléments nécessaires à un accroissement hâtif, et cela, sous la forme le plus directement assimilable. L'allaitement maternel remplit cette condition ; aussi, faut-il veiller qu'il s'accomplisse normalement et totalement.

On a reconnu, en mesurant des poulains, que l'accroissement est environ trois fois plus grand dans les six premiers mois que dans les six mois suivants ; deux à trois fois plus grand dans la première année que dans la seconde. C'est, par conséquent, pendant les six premiers mois que le poulain devra recevoir une alimentation régulière, sous forme de lait maternel, puis d'aliments digestibles et alibiles. On retardera le sevrage jusqu'après le sixième mois et on le fera suivre d'une ration choisie et nutritive.

La recherche des signes laitiers chez la jument est la conséquence logique de cette constatation. Il serait trop long de traiter aujourd'hui cette question spéciale qui peut entraîner à des considérations assez détaillées. Nous retiendrons simplement l'intérêt qui s'attache au choix de juments bonnes nourrices et au régime alimentaire de ces femelles dès le début de leur lactation. La jument indigène est, dit-on, plus laitière et meilleure nourrice que la jument importée ; effet de l'acclimatement, sans doute, et de l'action d'un nouveau milieu sur une glande bien connue par sa sensibilité en face des agents extérieurs ; c'est aussi un argument de plus en faveur de la multiplication par les éléments indigènes et, dans un autre ordre d'idées, en faveur du croisement par les mâles plutôt que par les femelles.

Je n'insiste pas davantage sur ces questions subsidiaires, croyant avoir suffisamment démontré l'importance physiologique et pratique de l'allaitement sur l'avenir du jeune.

Mais voici d'autres phénomènes non moins intéressants :

Le relevé de la croissance des diverses régions corporelles montre que les rayons inférieurs des membres grandissent moins vite et moins longtemps que les rayons supérieurs, et que la vitesse d'accroissement du tronc, pris dans son ensemble, est plus grande que celle des membres. Si l'on compare la conformation d'un poulain à celle d'un adulte, on est frappé, chez le premier, de la prédominance des membres dont les rayons inférieurs sont hauts et grêles. Dans la suite, il s'établit une sorte d'équilibre et l'individu apparaît, vers cinq ans, quand tous ses rayons osseux ont achevé leurs soudures épiphysaires, avec sa conformation normale.

Mais on conçoit que, si l'alimentation du jeune est défectueuse ou déficitaire, la croissance ne soit pas régulière et que les différentes régions ne se mettent point en harmonie les unes avec les autres. Le tronc manquera d'ampleur, la poitrine restera aplatie, ou l'encolure courte, ou la croupe mince; on obtiendra un sujet décousu, de très mauvaise utilisation dans la suite.

Que l'on fasse consommer des aliments peu nutritifs, fourrages grossiers dont l'animal devra ingérer une forte quantité pour apaiser sa faim, il arrivera que cette ration volumineuse alourdira l'abdomen qui s'amplifiera, entraînera la colonne vertébrale, refoulera le diaphragme, nuisant ainsi au bon accomplissement des phénomènes respiratoires et au développement du poumon.

Par l'effet de cette cause, qui souvent s'ajoute aux précédentes, le jeune sera mal conformé; il aura la côte plate, le dos ensellé, le ventre gros; il sera mou, lymphatique, il manquera de résistance et de fond. On accusera un mauvais choix des reproducteurs, une hérédité ancestrale méconnue et fatale, ou un malencontreux hasard. On s'étonnera que d'un bon étalon et d'une jument passable on n'ait tiré qu'un produit médiocre. Mais on oubliera d'incriminer les principaux facteurs de ce fâcheux résultat: un sevrage précoce et une alimentation mal comprise.

Chez les animaux jeunes, les besoins en matière azotée et en acide phosphorique sont grands; aussi, le foin de légumineuses et le regain de prairies naturelles leur conviennent-ils mieux que le foin de pré riche en graminées.

C'est avec le fourrage de prairies artificielles, à base de légumineuses, que de bons éleveurs arrivent, au bout de la seconde année, à faire prendre un grand développement à leurs poulains. Ils obtiennent des animaux d'élite, à membrure solide, en ajoutant des grains. La matière azotée et la matière minérale vont généralement de pair dans les aliments. En donnant une denrée azotée, on relève, en même temps, le taux phosphaté et calcique de la ration, et l'on pousse ainsi à la formation des os et des muscles. D'où la nécessité de faire manger de l'avoine aux jeunes chevaux et d'en distribuer de bonne heure à ceux dont on veut faire des reproducteurs ou des sujets de haut choix.

C'est, enfin, en raison de cette nécessité que le poulain est bien obligé de changer de pays, et c'est encore une des causes déterminantes de la division du travail de l'élevage sur laquelle nous avons déjà insisté. Dans les pays de multiplication, chez les naisséurs, il n'y a que des prairies naturelles, que des herbages. Les femelles qui allaitent et qui portent, les poulains qui ont besoin de la vie au grand air, y trouvent, pour un temps, des conditions favorables. Mais, par la suite, il faut au jeune cheval une autre nourriture. On l'emmènera donc dans les régions de culture où il consommera du trèfle, du sainfoin, de l'avoine. Par des travaux légers, il paiera ses frais d'élevage et il aidera aux besognes culturales qui visent à l'obtention des récoltes dont il se nourrit Tout est donc pour le mieux dans cette sorte d'association qui n'est qu'une nouvelle forme de l'adaptation au milieu, sur laquelle nous avons suffisamment insisté.

Je conclus donc en faveur de la nécessité d'un bon allaitement, d'un sevrage tardif et bien conduit, d'une alimentation abondante et digestible, riche en principes azotés et minéraux. Je me prononce contre l'élevage à l'écurie et pour la vie au grand air associée à un travail modéré, dès que le poulain est apte à un effort musculaire suffisant. Je combats le sevrage précoce, la nourriture parcimonieuse à base de fourrages grossiers et sans valeur, l'absence de grains dans la ration, en même temps que le manque d'exercice. C'est cela qui donne des chevaux mal bâtis, chétifs, sans résistance devant la maladie et devant la fatigue, véritables déchets d'une production dont ils encombrent les rouages et dont ils restreignent les profits.

Conclusions

Messieurs,

Les conclusions de ce rapport tiendront en peu de mots.

Dans les conditions économiques actuelles, la production du cheval de trait conserve une grande importance économique et agricole.

Elle mérite d'être perfectionnée par des moyens et des méthodes adaptés à son caractère et qui nous paraissent les suivants :

A. — Choix convenable de reproducteurs bien conformés, exempts de tares, vices et maladies transmissibles, en vue de l'obtention de bons chevaux d'un format oscillant autour de 500 kilos, pour les chevaux de trait dits à deux fins, et de 650 à 700 kilos pour ceux de gros trait.

B. — Pratique de la sélection dans nos races anciennes et confirmées. Emploi raisonné du croisement avec des étalons de ces races, partout où la production n'est pas suffisamment avancée pour assurer par elle-même un recrutement régulier des géniteurs.

C. — Multiplication et élevage des chevaux de trait dans les contrées qui, par leur climat, leur sol, leur mode de culture et leurs débouchés, se prêtent à l'entretien d'animaux d'un poids relativement élevé, à l'exclusion de celles où des conditions opposées ou d'une autre nature assurent préférablement la réussite du cheval léger ou fin.

D. — Application raisonnée des règles de l'hygiène et de l'alimentation rationnelle dans l'élevage des poulains, spécialement pour la région de l'Est et certains points de l'Ouest, où la pratique du sevrage et le régime des jeunes laissent encore beaucoup à désirer.

La diffusion des méthodes rationnelles de multiplication et d'élevage, l'amélioration du modèle, le perfectionnement des débouchés et l'extension de ceux-ci sur les marchés étrangers, toutes les circonstances de nature à augmenter la qualité et les bénéfices de la production, doivent donc être mises en œuvre pour maintenir et accroître la réputation des chevaux de trait, dont la France possède, dans plusieurs races, de si beaux représentants. *(Applaudissements.)*

M. Roger de Salverte. — J'ai, dans ma vie, mesuré un nombre considérable d'angles de chevaux; j'ai constaté qu'à l'âge adulte, les rayons inférieurs sont toujours égaux aux rayons supérieurs.

M. Dechambre. — A la naissance, les rayons inférieurs des membres l'emportent sur les rayons supérieurs ; mais la croissance de ces derniers se prolonge plus longtemps, ce qui, finalement, établit entre ces deux parties l'équilibre auquel fait allusion M. de Salverte.

M. le comte de Robien. — M. Dechambre a parlé des qualités laitières de la jument. A-t-il remarqué qu'une jument originaire d'un pays déterminé est meilleure nourrice qu'une jument importée ?

M. Dechambre. — Parfaitement.

M. le comte de Robien. — Il faut importer des étalons, mais pas des juments.

M. le Président. — Je mets aux voix les conclusions de la communication de M. Dechambre.

(Ces conclusions sont adoptées.)

Le Cheval Ardennais

M. Lavalard. — Les chevaux ardennais constituent une variété de la race belge, reconnue, par Piétrement et Samson, comme l'une des six races chevalines d'origine européenne, et à propos de son aire géographique, le premier de ces deux savants auteurs dit : « Les monuments de l'art antique, ceux de l'art roman, nous indiquent le rôle considérable, qu'a dû jouer, après la guerre des Gaules, la race des chevaux belges. Son type est, en effet, souvent reproduit par la sculpture sur les monuments anciens. » Nous renvoyons les personnes qui voudraient étudier ces origines aux ouvrages de Piétrement et Samson, qui en ont fait une description remarquable, permettant de reconnaître que l'aire géographique s'étend aux provinces belges du Brabant, du Limbourg, de Liége, du Hainaut, de Namur, du Luxembourg, aux Ardennes françaises et aux départements de la Meuse et de la Haute-Marne, jusqu'au plateau de Langres.

La plasticité de l'espèce cheval explique les variations qui se sont produites dans cette race belge qui peut, aujourd'hui, produire des animaux énormes et des chevaux légers, comme nous le verrons.

Il n'est pas sans intérêt de rappeler les produits qu'ont donnés les dix étalons ardennais enlevés, en 1810, au haras de Rosières pour être introduits au haras de Mezohegyes. Nous avons vu toute la production obtenue en les donnant aux juments indigènes, et nous avons surtout remarqué la souche des *Nonius*, existant encore aujourd'hui et qui a fourni, de 1817 à ce jour, un nombre considérable d'étalons et de juments de parfaite conformation et de bons services.

C'est là un bon exemple de ce que peut donner la production chevaline bien suivie et bien sélectionnée.

Ce ne fut pas le cas des éleveurs du cheval ardennais en France. Ils cherchèrent à l'améliorer, par l'introduction dans leur pays, des différentes races de chevaux de trait et de demi-sang, telles que boulonnais, percherons, bretons, belges et, enfin, les anglo-normands, ces derniers patronnés surtout par l'Administration des Haras, pour créer un cheval de selle. Toutes ces tentatives échouèrent.

Sans vouloir remonter aux races ardennaises anciennes, nous devons signaler tout de suite que certaines parties du pays ont possédé des chevaux pouvant convenir à la cavalerie légère, et qui furent réputés pour leur sobriété, leur énergie et leur fond extraordinaire pendant les campagnes de l'Empire, et surtout celle de Russie.

Pour étudier cette race, on est forcé de suivre les faits qui se sont produits dans les pays voisins de la Belgique, de la France et du Luxembourg, et on verra que les mélanges qui se sont produits ont modifié, de fond en comble, les espèces de chevaux qu'on rencontre aujourd'hui.

Ainsi, en 1848, on disait déjà que les bons chevaux ardennais n'étaient pas dans le département français des Ardennes, mais bien dans les Ardennes belges, dans le ci-devant duché de Bouillon et dans le grand duché de Luxembourg.

On prenait, à cette époque, pour centre d'opération, la ville de Bastogne, située dans le nord du Duché de Luxembourg, à 26 lieues environ au sud-est de Namur. C'est dans cette contrée, Arlon, Luxembourg, Bouillon, Saint-Hubert, etc., qu'on trouvait les chevaux les plus rustiques, les plus durs, mais, malheureusement, ils étaient, en général, petits, et ceux des environs de Luxembourg avaient ordinairement les jarrets un peu étroits. Ils n'en étaient pas moins solides, résistants et excellents pour le service. Il fallait bien se garder de se rapprocher de la frontière prussienne et de prendre les chevaux mélangés de sang allemand.

Au nord de Bastogne, dans le pays appelé le Condroz, on trouvait aussi de bons chevaux, ayant plus de taille et plus d'étoffe. Cette partie de la Belgique, comprise entre Namur, Liége, Dinant et la Marche, produisait un grand nombre de poulains, qui, achetés par les éleveurs français, venaient se faire élever dans les contrées qui s'étendent de Reims à Rethel et qui ne produisaient pas de chevaux à cette époque.

Ces poulains, élevés jusqu'à l'âge de trois ou quatre ans, et même cinq ans, étaient vendus, par leurs propriétaires, à des marchands français des frontières. Beaucoup se vendaient pour l'Allemagne, qui faisaient ainsi une forte concurrence à la France.

On voit donc que dans les années de la deuxième moitié du XIXe siècle, il y avait un mélange de chevaux nés sur la frontière belge et amenés aux foires de Rethel et de Reims, qui, sans caractères bien tracés, et peu nourris de grains, travaillaient aux champs. Ils étaient ensuite vendus pour Paris et ses environs. Un certain nombre restaient en Champagne. Toutes ces différentes espèces se résolvent, vers les dernières années du XIXe siècle, en un cheval de trait propre au service des diligences et de l'artillerie. Il avait 1^m^55 à 1^m^60 de hauteur, la tête forte avec l'œil petit, les oreilles courtes, l'encolure large, massive et pourvue de crins rudes et grossiers, le corps ramassé, les membres larges et solides, les sabots hauts et pourvus de corne épaisse.

Un grand nombre de ces chevaux ardennais provenaient des environs de Rethel, Vouziers, Juniville et Reims. Comme nous l'avons dit déjà, les éleveurs de ces différentes contrées importaient de nombreux poulains achetés à l'âge de un an, à Namur

CHEVAL ARDENNAIS, de 1870 à 1880

et à Givet. Même pendant un certain temps, ils ont voulu renoncer au cheval du Condroz et recourir aux étalons français. C'est ainsi que le type percheron avait été choisi de préférence dans les Ardennes françaises, tandis que les Belges ont cherché à produire le gros cheval qui tient beaucoup du flamand et du boulonnais.

Tous les chevaux ardennais sont hongres; on châtre les poulains très jeunes, les juments restent dans le pays.

Ce sont les deux départements des Ardennes et de la Marne, qui comprennent surtout ces chevaux, dont la production est devenue prospère. Ce sont les villages de Vitry, Cernay, Juniville, Laneuville, Bignicourt, Bazancourt, Corelle, Lavannes, etc., qui élèvent le plus de chevaux. Un certain nombre d'entre eux viennent encore des frontières belges ; mais les communications apportées par les chemins de fer permirent d'introduire des poulains du type percheron venant de différentes parties de la France.

La statistique annuelle de la population chevaline, depuis 1870, varie entre 46.706 à 49.043 têtes pour les Ardennes, et de 48.780 à 52.535 têtes pour la Marne. On peut reprocher aux éleveurs de ces pays d'avoir eu la tendance de suivre les Belges dans la production du cheval ; heureusement, ils ont compris à temps qu'ils sacrifiaient une bonne race de trait léger pour un cheval lourd, difficile à placer, maintenant que les Américains ont appris que la masse ne constituait pas le bon cheval. Les chevaux ardennais ont été achetés, autrefois, en grand nombre par la Compagnie des Omnibus, qui avait su apprécier leurs qualités.

Lors de notre étude sur les Stud-Books, nous avons parlé de celui qui fut établi pour le cheval de trait ardennais en 1888, sous les auspices du Comice de Sedan, et par l'initiative de quelques éleveurs qui avaient acheté plusieurs étalons de trait, en s'isolant de l'action des Haras.

Ce n'est qu'en 1901, que justement préoccupé de l'état misérable auquel le demi-sang normand avait réduit la population chevaline de l'Est, le Comité agricole de l'arrondissement de Lunéville, cédant aux désirs des éleveurs, voulut les soustraire à la tutelle de l'Administration des Haras et proposa de faire lui-même les achats des étalons de trait.

Une Commission hippique fut instituée et se mit immédiatement à l'œuvre.

Après mûre réflexion, elle fixa son choix sur l'étalon ardennais belge, produit sur un sol et sous un climat ayant la plus grande analogie avec ceux de la Lorraine française.

Malgré la modicité des ressources du Comité, il fut décidé que tout importateur d'étalons ardennais toucherait, s'il était approuvé par la Commission hippique, une prime d'importation de 400 francs et une subvention annuelle de 300 francs, tant que l'étalon ferait la monte dans l'arrondissement; sur ces 300 francs, une somme de 50 francs devrait être versée à la caisse d'assurances contre la mortalité. Cette initiative du

Comité eut bientôt un succès complet et la situation actuelle de la production chevaline est maintenant prospère.

Il est bien évident que les éleveurs ont profité des encouragements fournis par l'Association du Comice de Lunéville, par la sélection des meilleurs reproducteurs, et par les améliorations apportées dans la nourriture, le logement et le travail des poulains, ils ont cherché à recréer l'ancienne race en la faisant plus forte, et plus apte aux services actuels. De plus, l'Administration des Haras a mis dans les stations de la région des étalons plus suivis, plus étoffés, répondant mieux aux conditions du milieu. Le regretté général Langlois les avait signalés plusieurs fois pour les attelages de l'artillerie.

Le Comité, composé de MM. Emile Suisse, président; Mangenot, Dieudonné, Choné (de Valhey), Collet, tint à Nancy un Congrès en juin 1906, pour la formation d'un syndicat de l'élevage et de la vente des chevaux de trait dans le Nord-Est de la France.

Le Syndicat donne les meilleurs résultats, ainsi que nous l'indique son président actuel M. Dieudonné, dans une lettre qu'il a bien voulu nous adresser dernièrement, nous envoyant les détails suivants :

Ce syndicat reçoit chaque année une subvention de 5.000 fr. du Syndicat agricole de Lunéville et 3.000 francs du Conseil général de Meurthe-et-Moselle.

Chaque année, depuis 1902, il organise un concours-marché, en mai, à Lunéville, où sont amenés les juments, poulains et pouliches de trois et deux ans.

Le Syndicat ayant importé, au début, des pouliches, avait formé d'abord deux catégories : 1° race pure; 2° race croisée. Mais bientôt il cessa d'importer des pouliches qui ne donnaient pas de bons résultats. C'est pourquoi, par des croisements faits avec soin et surtout par une bonne sélection, le concours annuel ne comprit plus qu'une race pure : *ardennaise-lorraine*.

Les étalons étaient tenus de paraître au concours, pour être présentés au public, et recevaient seulement une indemnité de déplacement de 20 francs.

Les chevaux étaient assurés par une mutuelle gérée par le Syndicat. Les pertes ayant été jusqu'à ce jour insignifiantes ont permis de modifier, en janvier dernier, le mode de paiement de la prime, ce qui augmentera ainsi les indemnités.

M. Dieudonné constate que si, il y a peu d'années, le Syndicat subventionnait les 9/10 des chevaux, l'Administration des Haras se refusant à les accepter, aujourd'hui elle a reconnu son erreur, et elle encourage, d'une manière plus efficace, la production chevaline ardennaise, ce qui fait dire au président du Syndicat, ce que nous avons énoncé bien souvent, c'est que si l'Etat mettait à la disposition des Syndicats bien constitués la moitié de la somme que coûtent les Haras, les syndicats feraient merveille ; cela a été réalisé par le Comité de Lunéville avec une subvention de 8.000 francs pendant 15 ans, et aujourd'hui les poulains de deux et trois ans valent 1.000, 1.200 et 1.400 francs, et même plus si c'est une pouliche.

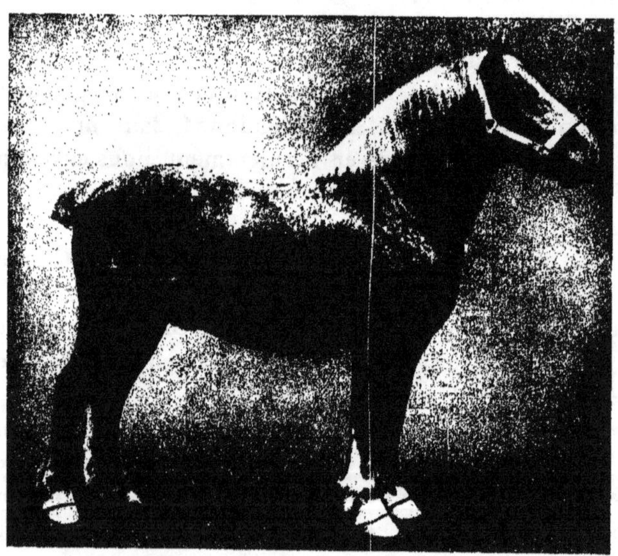

UN DES POULAINS ARDENNAIS
acheté par l'Administration des Haras en 1913

Aujourd'hui, l'Administration des Haras s'est décidée à acheter les produits ardennais français, et à en approuver un plus grand nombre. Nous avons entre les mains les noms de 19 éleveurs dont les étalons sont approuvés.

Deux établissements des Haras s'occupent de la production du cheval ardennais : Montier-en-Der, dont la circonscription embrasse les départements des Ardennes, de l'Aube, de la Marne, de la Haute-Marne et de l'Yonne, qui, d'après le dernier rapport des Haras, compte, sur 122 étalons : 28 demi-sang, 3 trotteurs, 13 percherons et 78 ardennais.

Le deuxième établissement est Rosières, dont la circonscription embrasse les départements de Meurthe-et-Moselle, Meuse et Vosges. Il compte : 38 demi-sang, 4 trotteurs, 2 postiers bretons et 44 ardennais.

Il y a donc une grande différence avec l'ancienne composition des races qui constituaient l'effectif de ces haras.

De plus, le nombre des chevaux approuvés a beaucoup augmenté.

Au Concours régional de Chaumont, qui vient d'avoir lieu, il y avait 104 représentants de l'espèce chevaline. Ils se distinguaient par leur développement, et portaient tous les caractères de l'ardennais, qui a remplacé le cheval si mince d'il y a plus de vingt ans.

Au Concours central des animaux reproducteurs des espèces chevaline et asine, à Paris, on a été assez embarrassé pour classer la race ardennaise, vu la diversité des formes, de la taille et de l'ensemble général très hétérogène et on s'est arrêté, après en avoir laissé paraître quelques-uns dans les animaux de demi-sang du Nord, de l'Est, du Sud et du Sud-Est, à les diviser en deux groupes : 1er groupe, animaux de $1^{m}60$ et au-dessous ; 2e groupe, animaux au-dessus de $1^{m}60$, type du Nord.

On voit que si certains chevaux se sont rapprochés du demi-sang normand, d'autres, plus nombreux, appartiennent à la nouvelle race ardennaise avec une taille au-dessous de $1^{m}60$.

Tous ces animaux montrent une homogénéité qui leur manquait autrefois.

Enfin, les ardennais classés avec les chevaux du Nord, avec plus de $1^{m}60$ de taille, se rapprochent du type gros belge.

Cette division du catalogue général du Concours de Paris permet de constater les progrès qui s'accentuent chaque année dans ces différents groupes, et nous sommes persuadés que le cheval ardennais reprendra la place qu'il mérite dans l'élevage français. Les éleveurs comprendront qu'ils doivent éviter le gros cheval belge et revenir peu à peu au cheval de trait léger, apte au service de l'artillerie et du train. A cet effet, ils devront tenir avec soin leur Stud-Book et sélectionner leurs reproducteurs.

Les essais si nombreux, faits avec les races françaises diverses de demi-sang et de trait, ont imprégné leur production chevaline et ont permis de reconnaître qu'on pouvait revenir à l'ancienne race ardennaise, si robuste et si sobre. Tous les écrivains du pays, dans ces dernières années, comme les vétérinaires Darbot, Laurent, Marange, Mangenot et Dieudonné, ont laissé entrevoir ce résultat.

Dans les numéros de février et mars 1914, le *Sport universel illustré* a fait une description très intéressante de l'élevage du cheval en Lorraine.

Après avoir décrit le haras de Rosières et présenté plusieurs de ses étalons, l'auteur y fait apparaître l'alliance d'étalons ardennais avec la jumenterie imprégnée de sang, qui pourra donner un cheval pour l'artillerie.

Il étudie ensuite les élevages du haras de Senoncourt, du haras de Saint-Thiébaut et passe en revue les résultats donnés par les concours-épreuves en Lorraine.

Après cette courte étude de l'élevage du cheval ardennais, notre conclusion est que les éleveurs doivent chercher à produire un cheval propre à faire un service de trait léger, qui se vende bien et qui, au besoin, puisse être utilisé pour l'artillerie. Ils se garderont d'introduire, parmi leurs élèves et leurs produits, le gros cheval belge, comme nous l'avons dit plus haut.

La Société d'encouragement à l'Agriculture peut être fière des résultats obtenus par les dix concours et congrès hippiques, qui ont permis aux éleveurs de se reconnaître parmi les différentes races de chevaux et d'en améliorer la production en les étudiant chacune dans leur aire géographique. *(Applaudissements.)*

M. le comte de Robien. — J'ai discuté longuement, dans les journaux, la question que vient d'exposer, de façon si intéressante, M. Lavalard. Je n'entends pas la reprendre en ce moment ; je désire seulement attirer l'attention du Congrès sur le point suivant :

Il y a quelques années, l'ardennais français n'existait pas ; il n'y avait que le belge. Mais la frontière n'était pas loin. On la lui faisait passer et on le baptisait français, puis il repassait la frontière. Aujourd'hui, on procède plus sérieusement.

Ce qui est capital dans l'ardennais, c'est la conformation de sa tête : il a un chanfrein très accusé, très busqué et un œil de cochon. (*Rires.*) Ce sont là des signes qui trahissent la présence du belge.

On voudrait faire une race de trait léger pour l'artillerie avec l'ardennais. Dans certains cas, c'est difficile sans revenir à un sang quelconque. Seul le sang arabe peut servir de trait d'union, car le sang anglais ne s'accorde pas avec la race belge. Un éleveur du Nord-Est a présenté, l'année dernière, une jument admirable, suitée d'un poulain ardennais. On a trouvé que la jument n'avait pas le type suffisamment ardennais parce qu'elle était trop distinguée. Cette jument, petite-fille d'un pur sang anglais, avait, cependant, le type ardennais ; je ne lui aurais fait qu'un reproche, c'était d'être très lourde. Dans les concours où on l'a présentée, on a dit : Ce n'est pas une véritable ardennaise.

A mon sens, il y aurait lieu de créer deux catégories pour l'élevage : une catégorie pour les races de trait, et une section spéciale pour les juments ayant des courants de sang, car l'artillerie a besoin d'une certaine « trempe » donnée par le sang.

M. le Président. — Je mets aux voix les conclusions du rapport de M. Lavalard.

(Ces conclusions sont adoptées.)

M. le Président. — L'introduction du belge en France

est loin de diminuer; au contraire, elle s'accroît. Si je ne me trompe, il y a eu 8 ou 900 poulains d'origine belge introduits en France, pendant les quatre premiers mois de cette année.

M. de Segonzac. — M. Lavalard a parlé de deux dépôts d'étalons; il a oublié Compiègne, où il y a une cinquantaine d'étalons ardenais.

Il y a lieu d'encourager l'élevage de l'ardennais, car c'est le cheval qui, pour le moment, est le plus prisé. Entrant dans les vues de M. de Robien, je considère qu'il faudrait faire une classe de postiers ardennais; tantôt on pourrait avoir des petits chevaux ayant du sang; tantôt on pourrait avoir des chevaux retournant au type fort. (*Vifs applaudissements.*)

M le Président. — Les Percherons ont cherché à faire du poids et de la taille parce qu'ils y trouvaient leur intérêt.

Surveillance et Amélioration des Chevaux de trait

M. Emmanuel Frézier. — On parle beaucoup d'amélioration de nos races de chevaux en France; beaucoup sont favorisées.

Pour certaines, on fait de gros sacrifices, mais celles que l'on oublie souvent, et dont on ne parle jamais, sont nos races de gros trait. Jusque dans leurs reproducteurs, ces races ne sont pas soutenues.

Les chevaux de trait sont cependant de première nécessité; les étrangers les apprécient beaucoup et le prouvent par le nombre de reproducteurs qu'ils achètent chaque année.

Nos voisins, les Belges, nous ont montré l'exemple et sont arrivés à des résultats probants et indiscutables. Ils vendent beaucoup plus cher que nous leurs produits à l'étranger, et leurs chevaux, en général, sont beaucoup moins tarés que les nôtres.

En Belgique, un cheval qui a des tares transmissibles et d'une mauvaise conformation n'a pas le droit d'être reproducteur. Ce n'est pas le cas chez nous, les lois de 1874 et 1885 ne donnent aux Commissions d'étalonnage que le pouvoir de refuser les chevaux atteints de cornage ou de fluxion périodique, aussi avons-nous des milliers de reproducteurs, acceptés par ces Commissions, qui sont atteints de tares transmissibles.

La forme est la tare la plus commune et la plus mauvaise, il y a 50 à 60 % de produits atteints de cette tare.

Il est donc grand temps que l'on demande aux Pouvoirs publics de compléter ces lois et de donner plus de marge aux Commissions chargées de la réception de nos reproducteurs, car il est inadmissible que l'on laisse reproduire un cheval dont on est à peu près certain que les produits qu'il engendrera seront tarés. C'est, à mon avis, aller tout à fait contre l'amélioration.

Vous me direz, Messieurs, mais l'éleveur qui a des juments à faire saillir n'a qu'à choisir un étalon qui ne soit pas taré. Je serais bien de votre avis si le naisseur gardait son produit jusqu'à quatre ou cinq ans, mais comme il le vend à six ou à dix-huit mois, c'est-à dire avant que les tares n'apparaissent, il lui importe donc peu que le cultivateur qui achète son poulain le trouve taré plus tard, qu'il gagne ou qu'il perde quand il le vendra à quatre ou cinq ans.

L'éleveur ne cherche qu'une chose, produire le poulain le plus gros possible pour le vendre plus cher, les tares de l'étalon ne comptant pas pour lui.

L'économie sur le prix de la saillie joue également un grand rôle. Ainsi, j'ai vu donner trois juments à un étalon taré, plutôt qu'à un étalon approuvé des Haras qui était très bon, simplement afin de faire une économie minime.

Je fis observer à l'éleveur que l'étalon avait de grosses formes et que les produits avaient de grandes chances d'en avoir aussi; il me fût répondu: « Comme je vendrai mes poulains à six mois, cela m'est égal; s'ils ont des formes plus tard, je ne les verrai pas. (Je vous cite cet exemple qui se passe journellement.)

Il existe encore un autre facteur qui est contre l'amélioration du cheval de trait, c'est la vente de la bonne jument au commerce au lieu de la conserver comme poulinière.

N'ayant pas de primes de conservation, le petit éleveur qui a besoin d'argent trouve à vendre ses bonnes juments et est obligé de garder ses mauvaises, ne trouvant pas à les écouler.

Alors qu'arrive-t-il? Ces mauvaises juments, qu'il n'a pu vendre, il en fait des poulinières.

Si ces juments médiocres sont saillies par un *bon* étalon, il y a au moins une chance sur deux pour que les produits soient meilleurs que si elles avaient été saillies par un étalon taré.

Il y a donc intérêt, comme vous le voyez, Messieurs, à ne laisser reproduire que les bons étalons, et c'est là la seule façon d'améliorer nos races de chevaux de trait, dans la mesure du possible, et sans qu'il en coûte un franc à l'Etat.

J'ajouterais également que si, dans nos races percheronne, boulonnaise, nivernaise, ardennaise et bretonne, nous n'avions pas eu de gros éleveurs et des Syndicats régionaux, qui ont fait de grands sacrifices pour maintenir nos races de trait, je ne sais pas trop ou nous en serions aujourd'hui.

Quelques chiffres pour terminer — ces chiffres sont pour l'année 1912, les résultats pour 1913 n'étant pas terminés :

9.067 étalons ont sailli 380.000 poulinières environ, se décomposant comme suit :

	726 étalons nationaux ont sailli	54.561 juments
	1.063 étalons approuvés ont sailli	64.049 juments
	244 étalons autorisés ont sailli	14.921 juments
Total. . .	2.033 étalons pour	133.531 juments

(Ces étalons sont très bons et exempts de toutes tares ; ils ont donné une production de 60 %).

Par contre, 7.034 étalons acceptés (ce qui veut dire mauvais étalons tarés) ont sailli 250.000 juments environ.

(Cette catégorie ne pouvant être contrôlée, le nombre des juments saillies n'est qu'approximatif).

Vous voyez, Messieurs, qu'il n'est pas possible de faire de

l'amélioration dans ces conditions et que nous allons à la ruine de nos races de trait.

Aussi, je propose au Congrès, constituant l'assemblée la plus qualifiée pour intervenir auprès des Pouvoirs publics, de se prononcer en faveur du vœu que j'ai l'honneur de lui soumettre :

Le Congrès hippique,

Considérant que pour ne pas laisser amoindrir et pour améliorer dans la mesure du possible nos races de trait, il est nécessaire de ne pas laisser reproduire plus longtemps les étalons atteints de tares nettement transmissibles, et qui ne seraient pas de bonne conformation pour faire des reproducteurs,

Emet le vœu :

Que M. le Ministre de l'Agriculture prenne en considération et solutionne dans le plus bref délai nos revendications, en faisant ajouter aux lois de 1874 et 1885, qu'en plus du cornage et de la fluxion périodique, les commissions chargées de recevoir les étalons aient tous pouvoirs de refuser tout cheval qui ne sera pas jugé bon pour la reproduction.

Un vœu analogue a été émis, en 1912, par M. Guillet, à la suite de sa communication sur l'augmentation du prix de la saillie par les Haras nationaux.(Vœu auquel il n'a pas encore été donné satisfaction). (*Applaudissements.*)

M. le comte de Robien. — J'ai déjà eu l'occasion de présenter des observations sur un vœu analogue qui nous a été soumis l'année dernière. Ce qui me laisse rêveur, c'est la question de la « bonne conformation ». Si on demande trop à la fois, les Haras n'accepteront rien. Pour arriver à un résultat, je serais d'avis de supprimer les mots « bonne conformation ».

M. de Segonzac. — La formule est trop élastique.

M. le Professeur G. Barrier. — Je crois également que M. Em. Frézier va un peu loin en parlant de la conformation. Il me semble qu'il serait suffisant — ce serait un grand progrès — d'obtenir de l'Administration des

Haras qu'elle ne donnât son estampille à aucun cheval porteur de tares osseuses. On peut différer d'avis au sujet de la transmission de ces tares, mais il serait utile qu'on ne prît comme étalon qu'un cheval absolument net. Pour moi, je laisserais la question de conformation de côté. (*Très bien! Très bien!*)

M. le Président. — Mieux vaut limiter la portée du vœu à ce qui est réalisable.

M. Emmanuel Frézier. — J'accepte de le modifier dans le sens qui vient d'être indiqué par M. Barrier.

M. le Président. — Je mets aux voix le vœu ainsi modifié :

Le Congrès hippique,

Considérant que pour ne pas laisser amoindrir et pour améliorer dans la mesure du possible nos races de trait, il est nécessaire de ne pas laisser reproduire plus longtemps les étalons atteints de tares osseuses nettement transmissibles;

Emet le vœu :

Que M. le Ministre de l'Agriculture prenne en considération et solutionne dans le plus bref délai nos revendications, en faisant ajouter aux lois de 1874 et 1885, qu'en plus du cornage et de la fluxion périodique, les commissions chargées de recevoir les étalons aient tous pouvoirs de refuser tout cheval porteur de tares osseuses, ayant de mauvais pieds et qui ne sera pas jugé bon pour la reproduction.

(Ce vœu est adopté.)

La séance est levée et renvoyée au lendemain matin 9 heures.

Séance du Samedi 20 Juin 1914

Présidence de M. Emile Loubet

Les Avantages et les Ecueils de l'Hippométrie dans l'Appréciation du Cheval de Service

M. Joly, vétérinaire principal du 9e corps d'armée. — Depuis quelques années, l'attention a été appelée sur le rôle que l'hippométrie pouvait avantageusement tenir dans l'*appréciation* ou tout au moins dans l'étude du *modèle* de nos chevaux.

Nous voyons, en effet, certains jurys de nos grandes sociétés hippiques (Société Hippique française, Société du Cheval de guerre) faire, dans les programmes de leurs concours centraux, une place plus ou moins grande aux mensurations des candidats.

D'autre part, nos grandes administrations, comme celle de la Remonte de l'armée, fournissent régulièrement des données hippométriques précises à ceux de leurs représentants qui devront sélectionner les chevaux admis à courir les « prix de cavalerie », ou bien livrer aux éleveurs les juments poulinières, après réforme anticipée. (Instruction du 6 mars 1914.)

Cavalerie :

Ind. dact-thor., 0.108. Ind. de comp. 7.5	Poids	400 légère
		440 ligne
		475 réserve

Artillerie :

Ind. dact-thor., 0.115. Ind. de comp. 8.5 à 9.5. Poids 480.

Il n'y a donc pas à discuter ces faits : l'hippométrie a semblé apporter une aide intéressante aux hommes de cheval éminents qui sont à la tête de ces sociétés et de ces administrations. Elle en rend d'autres, non moins importants, à ceux qui étudient le développement du cheval à ses différents âges et dans ses modifications diverses.

Comment se fait-il donc que plusieurs fois déjà cette science utile ait sombré sous les critiques de contempteurs et qu'encore aujourd'hui elle ne recueille que des sarcasmes de certaines personnalités hippiques ? Une brève histoire de l'hippométrie nous l'apprendra peut-être.

Goubaux et Barrier nous ont enseigné que nous devons à la civilisation arabe les premières données concernant les *proportions* du *cheval*. Mais c'est Bourgelat, l'écuyer fondateur des écoles vétérinaires, qui doit être considéré comme l'inventeur de l'hippométrie. Si j'ai bien retenu ce qu'on m'a enseigné à l'Ecole, les conceptions zootechniques de l'écuyer vétérinaire étaient simplistes. Il voulait reconstituer le cheval type en fusionnant ensemble ses diverses variétés. L'étalon boulonnais allait faire la saillie à Tarbes, et l'arabe en Bretagne, pendant que le taureau, allié à la jument, nous donnerait le jumart. Bien entendu, avant d'avoir pu reconstituer en chair et en os le cheval type qu'il avait rêvé, il en traça sur le papier les caractères spécifiques. Cheval aussi haut que long, dont la tête aura les 2/5 de la hauteur et sera le « canon », commune mesure de toutes les autres régions qui comportent tant de têtes et tant de parties.

Les spécialistes se récrièrent aussitôt, et les Anglais, par la plume de Saint-Bel, publièrent que le meilleur cheval de l'époque étant Eclipse, c'était ses proportions qu'il importait de bien connaître, pour s'efforcer de les reproduire. Or, Eclipse avait la tête légère et courte, et sa taille correspondait à trois têtes, pendant que sa longueur était de trois têtes et trois parties.

Il était plus long que haut, comme ne le sont plus jamais en France les pur sang de nos jours.

Bientôt d'autres spécialistes proposent leur modèle préféré et l'on reconnaît enfin que le cheval de trait ne doit pas ressembler au cheval de course. On a eu tort de vouloir décrire l'extérieur du *cheval* et de préciser son idéale beauté. C'est l'extérieur des *chevaux* qui doit être étudié et l'hippométrie de Bourgelat sombre dans le plus profond discrédit.

Il nous en reste néanmoins de précieuses indications sur quelques individualités caballines, ne serait-ce que les mensurations d'Eclipse.

⁂

Vers 1835, avec le capitaine Morris, l'hippométrie renaît de ses cendres sous une autre forme. Il ne s'agit plus de la mesure des rayons, ni même des surfaces et des volumes, mais du « *parallélisme des rayons et de la similitude des angles* ».

L'individualité hipppique étant toujours régentée par la forme spécifique, la longueur des régions de l'organisme est en relation avec leurs directions respectives ; aussi les lois de leurs directions commandent leurs proportions réciproques.

Le polytechnicien, qui devint plus tard général commandant la Garde impériale, avait imaginé que chez tous les chevaux bien conformés, les rayons osseux, inclinés dans le même sens, avaient une direction parallèle, oblique à 45 degrés sur l'horizon.

D'où il suit que la tête, l'épaule, la cuisse et les pâturons, d'une part ; l'encolure, le bras, la croupe et la jambe, de l'autre, pour réunir les conditions de beauté, étaient censés avoir même inclinaison, même parallélisme et former deux à deux des angles de 90 degrés.

Le cheval de Morris est inscrit dans un carré, la longueur de la tête égale celle de l'épaule, de la croupe, de la largeur des hanches, et l'inventeur plia la nature à la géométrie avec une maestria qui fit époque.

Des critiques judicieuses montrèrent que si ies rayons locomoteurs du cheval étaient réellement inclinés, comme l'indique le général Morris, un sujet ayant des os de moyenne longueur n'aurait que 1m39 au garrot et 1m26 seulement à la croupe. A une épaule oblique correspondrait, nécessairement aussi, une croupe oblique, un jarret coudé, des pâturons antérieurs et postérieurs de même direction, toutes choses contraires aux réalités vivantes que nous avons sous les yeux.

Après des discussions passionnées, l'hippométrie, poursuivant son calvaire, tombe pour la seconde fois, non sans avoir définitivement enrichi la science hippologique d'une série de mensurations d'angles articulaires qui firent découvrir à Lemoigne de Milan, Goubaux et Barrier et, enfin, à M. de Gasté de fortes intéressantes données.

*
* *

Mais pendant que l'hippométrie, délaissée, ne fournissait plus aux hommes de cheval que la canne hippométrique et l'arthrogoniométrie, l'anthropométrie et la bovimétrie, chacune à un point de vue spécial, faisaient l'objet d'applications pratiques très courantes. Je n'ai pas besoin de vous rappeler tous les ingénieux procédés de mensurations utilisés par Bertillon pour *préciser* le signalement des individualités humaines, les *différencier* les unes des autres, et faire en sorte que chacun ait dans son signalement autre chose qu'un nez ordinaire, une bouche moyenne, un menton rond et un visage ovale.

Bien avant Bertillon, notre confrère Lydtin, du grand-duché de Bade, avait donné, en Allemagne, une importance considérable à la bovimétrie.

Le bœuf finissant toujours par être un animal de boucherie, l'importance de sa *vie végétative* l'emporte beaucoup sur l'importance de sa vie de relation et il était assez naturel de le cuber, comme on cube un végétal, un sapin, pour en apprécier la valeur.

La méthode de Lydtin a permis, dans tous les pays qui l'utilisent, une rapide amélioration des races bovines locales.

Malheureusement (pour l'hippométrie), l'homme exploite, surtout chez le cheval, *la vie de relation* à laquelle préside le système nerveux, dont les variations d'impressionnabilité ne sont pas pratiquement mesurables.

Il parut pourtant évident, à des esprits chercheurs de précision, qu'on pouvait, avantageusement, remplacer les expressions imagées des hommes de cheval par des données métriques immédiatement compréhensibles à tous, vérifiables à merci, et dont tous les producteurs pourraient faire l'application à leur produit.

Il parut aussi, à certains spécialistes, qu'on pourrait facilement reconnaître quel était le cheval le plus apte à un service donné, en soumettant à une expérimentation méthodique les différents types de chevaux que l'on y utilisait.

Il parut également à certains acheteurs de jeunes chevaux qu'il leur serait utile de connaître avec précision le développement ultérieur des différentes régions, puisque c'est le devenir bien plus que l'état présent du cheval qu'ils doivent apprécier et payer de suite à beaux deniers comptants.

Aiguillonnés par ces nobles incitations, les chercheurs se mirent au travail de différents côtés. Un des meilleurs des nôtres, le Dr Nicolas, qui eut l'honneur de se faire entendre l'an dernier à ce Congrès, exposa, dans un magistral travail intitulé : « Vers une science hippique », les espérances des plus fervents adeptes de l'hippométrie, en répétant avec Le Dantec que : « *Rien ne se passe, qui ne soit connaissable à un homme, sans que se modifie quelque chose qui est susceptible de mesure.* » Bien avant Le Dantec, d'ailleurs, et dès 1884, le Dr Gustave le Bon, que nous pouvons revendiquer comme un des nôtres, avait exprimé la même idée et s'était efforcé d'élucider, expérimentalement et par lui-même, quelques problèmes équestres.

En attendant, dès 1909, nos artilleurs, qui tiennent de Polytechnique l'amour de la précision et de la mensuration et se figurent trop facilement qu'on peut chiffrer tous les problèmes biologiques, instituèrent des commissions de recherche pour déterminer le format, le modèle, le tempérament et la race du meilleur cheval d'artillerie. Ils reprochaient à ceux que leur fournissait alors la Remonte d'être trop grands, trop nerveux et de manquer d'homogénéité.

Les chevaux furent pesés, mensurés, catalogués au début et à la fin d'épreuves sensiblement analogues à celles du temps de guerre. Elles donnèrent les résultats suivants :

Le cheval désirable doit avoir :

Masse. — Poids voisin de 500 kilogs.
Taille. — De $1^{m}54$ à $1^{m}62$.
Longueur. — Egale à la taille.
Trempe. — Fournir 8 à 10 kilomètres de trot.
Modèle. — Compact, ramassé, près de terre.

En 1910, nouvelles expériences, particulièrement sur des chevaux de petite taille, qui confirment les premières en précisant que, pour les petits chevaux, la taille ne doit pas descendre au-dessous de 1^m50, que le poids doit être de 450 à 475 kilogs, ce qui correspond à un *indice de compacité* voisin de 9.5. Voilà donc, par un *indice de compacité*, un rapport expérimentalement établi entre le poids du sujet et sa taille. Vous savez, en effet, que cet indice est le rapport entre le poids exprimé en kilogs et la taille exprimée en centimètres au-dessus du mètre. Il permet d'éliminer, d'une part, les chevaux trop enlevés et, d'autre part, les chevaux trop ramassés et trop lourds.

Comme conséquence pratique de ces expériences, les chevaux de nos régiments d'artillerie ont changé du tout au tout depuis plusieurs années. Au lieu de demi-sang normands, qu'on disait « de qualité », nous avons des bretons, qu'on disait manquer de qualité, mais qui donnent une entière satisfaction à leurs utilisateurs actuels. C'est donc qu'il y a pour les chevaux, comme pour les hommes, des bonnes et des mauvaises qualités, suivant le point de vue dont on les considère.

***

La même année 1909, en son concours central de Saumur, la Société du Cheval de guerre, qui eut, au cours de sa jeune carrière, pas mal d'initiatives heureuses, la Société du Cheval de guerre avait fait mensurer l'indice dactylo-thoracique de tous les sujets qui lui furent présentés, et, en 1900, elle décomposa la taille en plein et vide sous-sternal, sous le nom d'indice pectoral.

La Société Hippique française y ajouta bientôt la pesée de tous ses candidats, évidemment plus précise que la même mesure déduite d'une des formules simplistes tirées d'un seul tour de poitrine.

Le but de l'une et de l'autre société était de baser sur des faits tangibles la répartition des individus en chevaux de selle, pour poids lourds et pour poids légers, d'éliminer ou tout au moins de déprécier les chevaux trop enlevés, trop instables, ou les chevaux « faits en cigare », sans poitrine et sans abdomen, dont le nombre allait en augmentant.

L'indice dactylo-thoracique, que je me ferais scrupule de vous définir aujourd'hui, peut être évidemment critiqué, quand on compare celui des chevaux de pur sang à celui des chevaux de grenadiers argentins, manquant de trempe ; mais il n'en est plus ainsi, quand on compare entre eux des chevaux de même catégorie, de même âge, et qui doivent faire apprécier leur modèle respectif dans un même concours. Le membre grêle doit alors être fixé, précisé par un chiffre 18.5 en face du chiffre 21 du concurrent bien membré.

Il y a peu d'années, on discutait âprement sur la formule directe ou la formule inverse. Des avis opposés, basés sur des observations différentes, étaient apportés en faveur de l'une ou l'autre méthode zootechnique, quand le général Dubois me pria de relever l'indice dactylo-thoracique de tous les chevaux de l'Ecole de cavalerie, de l'une ou de l'autre formule. Ces résultats furent publiés et ils montrèrent immédiatement que les produits de la formule inverse avaient 1 centimètres de tour de canon et 6 centimètres de tour pectoral de moins que ceux de la formule du cheval de guerre, mais que l'indice dactylo-thoracique restait à peu près le même : 0.108.

Les représentants de la formule inverse étaient plus allégés, mais relativement tout aussi bien membrés. « Le sang sous la masse » était donc mieux donné, en général, par la formule directe que par la formule inverse, sans qu'on puisse tirer de cette donnée moyenne aucune raison de proscription contre les individualités. Elles se permettent, parfois, de démontrer que les règles générales sont faites pour mettre en relief les exceptions.

L'indice pectoral ayant trait à la décomposition de la taille en plein et vide sous-sternal, bien que toujours recherché à la Société du Cheval de guerre, n'a pas eu le même succès que l'indice dactylo-thoracique. A-t-on été effrayé par le spectre de l'officier d'administration de génie prédit par le Vicomte Martin du Nord dans les futures commissions de remonte ? Je ne sais, et je le regrette. Car tous les cavaliers, sans exception, reconnaissent qu'un beau cheval de selle doit avoir une hauteur de poitrine telle que sa taille soit à peu près partagée en deux parties égales au niveau de l'inter-ars et l'on voit pourtant les jurys, ne basant leur décision que sur l'étude du modèle, couvrir de lauriers les individualités de $1^{m}60$ ayant 0.70 de hauteur de poitrine et 0.90 de vide sous-sternal. Ce sont, d'ailleurs, les mêmes jurés qui réclament, en même temps, des reproducteurs sélectionnés par la *qualité*, c'est-à-dire la *vitesse*, toujours fonction du long canon ou des longues phalanges, et des produits ayant des articulations basses, indice de stabilité, d'adresse et de sécurité.

Etranges contradictions qui montrent lumineusement combien la connaissance de l'indice pectoral des futurs lauréats apparaît nécessaire.

***

Dans les remontes, une ou deux bonnes études, basées sur l'hippométrie, ont déjà précisé le devenir des *chevaux achetés* à trois ans et demi.

Je ne citerai que celle de M. Meyranx, qui suit de 3 à 5 ans les chevaux du dépôt de remonte de Tarbes pendant leur année de séjour dans les annexes et leur année de dressage régimentaire.

M. Meyranx constate que 15 chevaux sur 28 grandissent pendant leur quatrième et cinquième années ;

Que le poids augmente en moyenne de 19 kilos pendant le séjour à l'annexe ;

Que le tour des tendons passe de 0.179 à 0.183, et à 0.186 à la fin du dressage (moyenne) ;

Que le périmètre thoracique passe de 177 à 179 ;

Que le diamètre vertébro-sternal passe de 0.625 à 0.642 et 0.653 ;

Que l'écartement des pointes des épaules passe de 0.360 à 0.364 et 0.370 ;

Que l'écartement des hanches devient progressivement $0^{m}499$, $0^{m}514$ et $0^{m}523$.

De telles études devraient être faites dans tous les milieux hippiques appréciateurs de jeunes chevaux. Elles conduiraient certainement à la connaissance du *devenir probable* des diverses catégories de chevaux que la Remonte achète.

Mais, tout en cultivant et en élargissant progressivement son domaine, les pratiquants de l'hippométrie ont vite rencontré les bornes de son application pratique, et vu combien il serait téméraire d'espérer pour elle la prééminence sur les autres modes d'appréciation du cheval. Tant qu'on veut étudier le modèle, la nouvelle méthode nous apporte un progrès certain, qu'on peut facilement, avec un peu de patience, faire passer dans le domaine de la pratique courante ; mais dès qu'on s'attaque aux problèmes de la vie de relation, les prises de températures, les épreuves dynanométriques, les tracés graphologiques ne donnent plus que des résultats tellement aléatoires, qu'il faut les « remiser » pour ne pas fournir des armes contre l'hippométrie aux malveillants qui la guette. Je vais tout de même commettre une indiscrétion à l'égard d'une de ces épreuves.

Le docteur Nicolas, à qui l'hippométrie doit tant d'espérances, crut pouvoir avancer qu'un dynanomètre très simple, appliqué sur la queue des chevaux, pouvait donner avec quelque précision des indications sur l'énergie de leur tonus musculaire.

Il appuya ses dires de quelques expériences personnelles, et certains confrères lui apportèrent leur approbation enthousiaste.

L'on sait, d'ailleurs, que depuis fort longtemps les vétérinaires ont coutume de soulever la queue de leurs malades pour mesurer leur état de dépression.

A Saumur, comme c'était mon devoir, je fis appliquer le dynanomètre caudal à nos chevaux de tous âges, de toutes catégories, et pendant leurs divers états de préparation au travail ; je vis bien vite que le sexe, la docilité, l'habitude, joueraient un très grand rôle dans le rendement dynanométrique.

Les chevaux de manège, particulièrement habitués à la croupière, étaient tous notés comme manquant d'énergie ; et les chevaux à l'entraînement, dont la puissance musculaire va si nettement en progressant, donnent au dynanomètre caudal un rendement progressivement décroissant, sans doute dû à l'habitude, à la résignation, ou peut-être au dédain du dynamomètre. Avec Gustave Lebon, que je me plais à vous citer encore, on constate ainsi que : « Aussitôt que les sciences positives s'attaquent à des phénomènes un peu compliqués, elles se perdent en conjectures... Il ne faut donc pas s'illusionner sur la portée des sciences et leur demander ce qu'elles ne peuvent donner. » Afin d'éviter à l'hippométrie de tomber pour la troisième fois avant d'avoir accompli sa tâche, ayons donc la sagesse de ne pas exagérer son pouvoir. Et s'il serait téméraire d'affirmer que l'hippométrie a à peu près acquis toute l'ampleur qu'elle doit avoir dans les méthodes d'appréciation du cheval de service, il faut reconnaître que ses progrès seront dorénavant laborieux et modestes. Rappelons qu'il y a trois principales bases d'appréciation du cheval :

1° *L'expérimentation*, l'essai de *l'individu.* Mais les jeunes chevaux, qu'il s'agit presque toujours d'apprécier, ne peuvent guère donner que des promesses de ce qu'ils deviendront à l'état adulte ; à moins qu'on ne les ruine avant leur sixième année pour leur avoir demandé trop souvent de montrer ce qu'ils promettaient d'être.

2° La connaissance des qualités et des défauts inhérents à la famille et à la race du sujet qu'on espère retrouver dans l'individu. On se berce de la douce illusion que par où passa le père passera bien l'enfant. Mais la grande douve ou le poteau attend en vain l'enfant vainqueur..... Par où passa le père ne passe plus l'enfant.

3° L'étude du modèle a enfin reconquis, auprès des hommes de cheval les plus pratiquants, la faveur qu'il n'aurait jamais dû perdre. A la Société du Cheval de guerre on classe les lauréats de trois ans en attribuant le coefficient 2 au modèle, et 1 aux qualités propres à la catégorie, pendant que les cinq ans sont cotés 2 sur la qualité, et 1 sur le modèle.

Comme l'origine est l'objet d'un examen attentif, on voit que les trois méthodes d'appréciation du cheval y sont utilisées tour à tour, Toutes trois sont, en effet, utiles ; toutes trois sont indispensables.

Or l'hippométrie n'est, actuellement, applicable qu'à une seule de ces trois méthodes d'appréciation, à l'étude du modèle, et encore, dans cette étude, elle limite son domaine à quelques données précises que l'observateur doit ajouter à celles que l'hippométrie pratique n'a pu encore atteindre et n'atteindra sans doute jamais pratiquement, comme la mensuration de la croupe chez les chevaux de concours.

Le domaine de l'hippométrie pratique reste donc très limité ; mais ainsi limité, il n'en demeure pas moins intéressant, puisqu'il permet des précisions que l'hippologue doit apprendre à bien utiliser. On ne discute plus sur le cheval « bien membré » par rapport à son poids, on mesure.

D'ailleurs, l'hippométreur perfectionne rapidement son appréciation visuelle ; comme depuis longtemps il le faisait pour la taille, il arrive vite à prédire, avec une grande exactitude, les données hippométriques qui lui sont familières. Il peut alors, sans inconvénient, remercier définitivement l'officier d'administration du génie militaire.

Conclusions. — Recommandons l'hippométrie à tous les appréciateurs du modèle. Invitons les chercheurs à rendre ses méthodes de plus en plus pratiques. Mais n'escomptons pas à bref délai la prééminence de ce procédé utile dans l'appréciation du cheval de service ; ce serait lui demander actuellement beaucoup plus qu'il ne peut donner. *(Applaudissements.)*

M. G. Quillard. — J'ai écouté avec le plus vif intérêt la très savante et très documentée conférence de M. Joly. En ma qualité d'artilleur, je voudrais formuler quelques réserves. On prête aux artilleurs cette opinion que tous les normands sont mauvais et que seuls les bretons leur donnent satisfaction. C'est là une exagération. J'ai connu beaucoup de normands qui étaient excellents, et je suis persuadé qu'avec l'orientation qu'on donne au demi-sang normand, on obtiendra des chevaux plus près de terre.

Quant aux bretons, nous les aimons beaucoup. *(Très bien ! Très bien !)*

M. le comte de Robien. — Toutes nos races peuvent s'adapter à l'artillerie, mais la question délicate est celle de savoir s'il faut du sang ou s'il n'en faut pas. La seule façon de résoudre la question, c'est l'épreuve.

M. Joly. — Les artilleurs demandent que leur cheval puisse soutenir huit à dix kilomètres de trot : il faut donc du sang.

M. le Président. — Personne ne demande plus la parole ?...

Je remercie M. Joly de sa très intéressante communication.

Je mets aux voix les conclusions du rapport.

(Les conclusions du rapport, mises aux voix, sont adoptées.)

Qualification des Reproducteurs par des Épreuves d'Aptitude rationnelle

M. le comte de Robien donne lecture de la communication suivante :

SOMMAIRE :

L'épreuve, critérium du reproducteur. — Diverses modalités de l'épreuve. — Epreuves de vitesse et épreuves d'aptitude. — Corrélation intime entre les caractéristiques de l'épreuve et la structure du sujet en cause. — Evolution nécessaire à l'endroit de l'épreuve afin de sélectionner, d'une façon rationnelle, les reproducteurs mis en lumière par ces épreuves. — Les programmes de courses : l'étalon de pur sang de croisement. — Le terrain varié : son influence primordiale dans l'épreuve.

Vœux antérieurs du Congrès Hippique à l'endroit de l'institution d'épreuves d'aptitude pour les reproducteurs : *a)*, Etalons de selle poids lourd ; *b)*, Etalons canonniers ; *c)* Concours-épreuves ou d'aptitude pour étalons ou juments *qualifiés de selle ; d)* Classification des étalons de l'Etat ou primés par l'Etat, d'après leur adaptation fonctionnelle : étalons de selle, étalons de trait léger d'artillerie.

Reprise qui s'impose de la tradition ancienne de l'Administration des Haras à l'endroit du choix des étalons de *trait actif*, qualifiés par des épreuves rationnelles.

Conséquence générale.—Ventilation de nos dépôts nationaux par l'oxygène revivifiant de l'épreuve rationnelle, généralisée et contrôlée en terrain varié.

Une institution d'avant-garde comme notre Congrès hippique, si quintessenciée qu'elle soit, ne peut se soustraire à l'influence de l'un ou l'autre des deux grands courants qui entraînent les préoccupations hippiques, les unes vers l'amélioration de la qualité du cheval, les autres vers le soin jaloux des débouchés futurs.

Ces deux objectifs distincts se font jour dans les travaux qui témoignent de notre vitalité : elles sont, d'ailleurs, en parfaite concordance avec l'actualité. Ne voit-on pas le Concours central des reproducteurs, qui bat en ce moment son plein et représente le second objectif, encadré par les grandes épreuves de courses : le Derby, le Grand Prix des Trotteurs, le Grand Steeple, le Grand Prix de Paris. Tout en rendant hommage aux efforts très judicieux réalisés au profit des exhibitions et des débouchés, il est un objectif que je crois nécessaire d'esquisser devant vous, objectif qui se relie intimement à l'amélioration de nos races chevalines, en venant compléter nos travaux antérieurs.

L'épreuve constitue le critérium des reproducteurs : il semblerait que ce précepte ne saurait trouver de contradiction, et, pourtant, les circonstances ne se chargent-elles pas trop souvent de lui infliger des démentis ? N'en avons-nous pas un exemple au Concours central des reproducteurs, où l'exibition passe au premier plan et entraîne les suffrages, au profit des apparences, où la qualification par l'épreuve — en admettant qu'il en existe une et qu'elle soit digne de ce nom – passe fatalement au dernier plan : celui des potins de coulisses ? Il n'est pas de question plus complexe que l'appréciation réelle de la qualité d'un sujet jugé par un examen sommaire, au point de vue de son utilisation. En procédant par synthèse, l'examen au repos d'un vainqueur de courses classiques, par exemple, ne lui serait-il pas très souvent tout à fait défavorable si le prestige de la victoire ne le faisait bénéficier d'une auréole compensatrice ?

L'épreuve constitue le critérium des reproducteurs : mais il y a lieu d'envisager, pour cette épreuve, des modalités distinctes, la vitesse ne constituant que l'un des facteurs en cause. Nous ne nous préoccuperons pas ici de la sélection, en mode de vitesse, propre à la race pure, mais bien de son amélioration au point de vue de la prise de contact avec les races dites inférieures auxquelles il faut se garder soigneusement, en perfectionnant leur système circulatoire, de soustraire le bénéfice de certaines caractéristiques propres, que je rassemblerai sous le vocable de l'aptitude.

Nous passerons rapidement en revue les diverses modalités,

consacrées par l'épreuve, qui ont présidé à la formation de nos races distinctes, nous efforçant d'en déduire quelques indications qui paraissent se dégager des résultats.

A tout seigneur tout honneur : la race arabe, amélioratrice par excellence, a-t-elle produit tous les effets heureux qu'on était en droit d'escompter pour elle en France ? Je me vois malheureusement obligé de répondre par la négative, en attribuant cet échec à des erreurs fondamentales On a voulu, en vue d'une nécessité très évidente, constituer en France, au moyen de l'importation d'Orient pour point de départ, une race arabe autochtone, mi-partie dans le Midi, mi-partie à l'aide de la jumenterie de Pompadour. J'ai la conviction que la réussite eut été complète, en dépit des différences de sol et de climat, si, au lieu d'imposer à l'arabe et à ses succédanés le déboulé de vitesse, à la mode d'Angleterre, où il succombe fatalement (si son pedigree est sincère), on avait choisi la qualification par des courses ou des épreuves, en mode d'endurance. Dans cet ordre de vues, j'estime que l'idée émise au Congrès l'année dernière, par notre collègue, M. Charles de Salverte, je crois, de steeple-chases pour anglo-arabes, appliquée aux reproducteurs, pourrait servir à reconstituer l'avenir de notre race à influx arabe de toute autre façon que la méthode ancienne, qui aboutit, par exemple, à aligner les *arabes purs*, à Toulouse, dans ce *Prix du Désert* — évocateur des immensités sans limites — sur un parcours de 2.000 mètres.

Je signale, pour terminer, l'erreur qu'on a commise en voulant, trop rapidement, grandir une race, par un souci d'esthétique déplacé, ce qu'on a obtenu surtout au détriment de l'influx arabe et de ses qualités de résistance. Je souligne de même le déplorable ostracisme contre la couleur gris truité à pigment noir, qui est la robe de choix de la race d'Orient. En attendant, nous en sommes réduits à recruter en Egypte, depuis quelques années, d'une façon tout à fait insuffisante, les reproducteurs nécessaires pour assurer la vitalité de l'influx oriental en France : ces reproducteurs, sélectionnés sur des courses réduites, ne semblent guère devoir nous assurer les garanties des « buveurs d'air » d'antan.

Dans le domaine du pur sang anglais, point n'est besoin d'être un vieillard chenu pour évoquer des contrastes. Je souligne le singulier imbroglio dans lequel on se débat et qui nous fait voir, passant le poteau, le plus généralement dans les courses classiques, soit les sujets de petite taille et de structure réduite, si peu orthodoxes à côté de nos aspirations (?) de « poids lourds », soit, tout au contraire, des animaux importants, mais de construction défectueuse, qu'ils transmettront sans doute à leur descendance aussi fidèlement qu'ils l'ont recueillie.

A la veille du Derby, le *Jockey* faisait cette remarque judicieuse que, depuis l'institution des courses plates, aucun cheval n'avait pu réaliser le « triple event » de la Poule d'Essai (1.600 mètres), de la Grande Poule des Produits (2.100 mètres) et du Derby (2.400 mètres). On sait que ces trois épreuves ont été créées, dès l'origine, en mode de liaison, espacées de quinze en quinze jours, pour asseoir un crack sur un piédestal solide, *aujourd'hui encore sans attribut.* De l'ancien programme de la Société d'Encouragement, je veux retenir la sage institution du tracé de la grande piste de Longchamp, qui eut dû servir de base à tout autre tracé. Nous voulons des pur sang améliorateurs du type selle, or, que manque-t-il le plus généralement à nos chevaux de selle, c'est la perfection du massif antérieur, la direction des antérieurs : la descente de Longchamp offre le mérite d'handicaper les défauts de ce genre, et il semblerait que le *terrain varié*, que constitue la piste d'Epsom, n'est pas étranger aux défaites répétées de nos représentants au Derby anglais. Celui-ci vient de nous échoir, il est vrai, mais dans des conditions où l'attribution française revêt un relief terriblement étranger, et où le culte des origines — voilons-nous la face — est tout à fait profané.

Ce même Derby d'Epsom, il semblait acquis par avance, dès l'année dernière, par l'invincible cheval *gris* « The Tetrach », dont le père fut importé de France, à l'inverse de la mode usuelle. « The Tetrarch » a été victime du régime désastreux des courses de deux ans qui sévit avec rage de l'autre côté de la Manche, et, chez nous, exerce des ravages qu'il importe d'enrayer sans retard en réagissant, peu à peu, contre les tendances actuelles, si désastreuses pour l'avenir de notre production chevaline.

Quand on voit « les deux ans » débuter, aujourd'hui, dès le mois de juin, quand on constate que chez nous, sans aller plus loin, en juillet, il leur est offert un prix de cinquante mille francs, prix pour lequel cette année, à huit jours de la course, il subsiste encore cinquante-huit engagements ! et qu'ils sont en mesure de réaliser — dans les trois mois de leurs débuts — un budget de *812.600 francs,* n'est-il pas temps de crier : gare ?

Dans un autre ordre d'idées, la trop grosse part donnée aux courses en ligne droite, aux courtes distances, fait le plus grand mal pour l'avenir de notre production, dans le sens de la résistance. Combien de candidats au « cœur forcé » ne préparons-nous pas, par cette méthode, dictée par un commercialisme dangereux : cette affection redoutable dont les manifestations n'apparaîtront, sans doute, que plus tard dans leur descendance ?

Il y a actuellement *soixante-dix pour cent* de nos courses qui ne dépassent pas 2.400 mètres. Des modifications timides pour donner des allocations un peu plus importantes aux longues distances se dessinent, il est vrai, depuis un an, et, depuis, nous avons eu la satisfaction d'enregistrer la victoire de « Nimbus » dans le Gladiateur, mais il est indispensable que ce mouvement s'amplifie, que l'augmentation des allocations ne soit pas réservée aux seules très longues distances, que les distances que j'appellerai moyennes — 2.400 à 3.000 mètres — soient favorisées au préjudice des distances inférieures. Sur ce terrain des longs parcours, dont le Rainbow, le Gladiateur, sont les principales manifestations, je voudrais voir s'adjoindre l'intervention de l'effort complémentaire de l'*obstacle.*

Ce domaine de l'obstacle constitue plus particulièrement le terroir de l'étalon de croisement, et, malheureusement, à peine en franchissons-nous le seuil que nous nous heurtons à la concurrence des *hongres* qui, ici, font la loi, au relief trop archaïque des obstacles conçus de telle sorte que « le sport illégitime » constitue tout naturellement le *refugium* du plat :

les seconds rôles, les plus modestes doublures se révèlent là, des « vedettes », presque sans préparation. Sans préparation, il s'agit là des pouliches, car pour les mâles ou ceux qui devraient l'être, il y en a une dominante et qui n'a rien à voir avec l'obstacle.

En 1910, l'éminent rapporteur du budget de l'Agriculture, M. le député Fernand David, a dénoncé éloquemment cette pratique désastreuse et dans son rapport et à la tribune du Parlement.

Nous demandons que, dans toutes les courses importantes, dont les prix de 15 ou 20.000 francs constituent le minimum indiqué, la présence des chevaux hongres soit interdite, au moins avant l'âge de sept ans.

L'Administration des Haras, comme l'industrie privée, serait ainsi en mesure d'exercer son choix, au lieu d'assister à la victoire d'un « Lord Lorris » et de combien d'autres!

*
* *

Quant à l'importance des obstacles, l'exemple de l'Angleterre — quel contraste entre nos parcours si naturellement coulants et ceux de Liverpool, par exemple, particulièrement impressionnants — s'impose cette fois, si nous voulons réaliser la production de ces étalons de croisement en mesure de transmettre une aptitude réelle *sur l'obstacle*, des qualités de tenue et une structure rationnelle, toutes choses qui se relient à l'utilisation en terrain *réellement varié*, en vertu de l'adage : la fonction crée l'organe.

Avant de prendre congé de la race pure, je voudrais signaler une modification qu'il me paraît nécessaire d'introduire aussi bien sur les programmes de plat que sur ceux d'obstacle, aussi justifiés sur les pistes de province que sur celles des grands hippodromes qui entourent la Capitale. Il s'agit de limiter à sept ans ou au maximum à huit ans la qualification des sujets. J'estime que, à huit ans, les chevaux de sang ne devraient pouvoir figurer sur les hippodromes qu'au titre, soit des militarys, soit d'épreuves spéciales, instituées au profit des officiers de seconde ligne, par exemple.

Je ne vois pas qu'il y ait lieu de m'appesantir sur la race trotteuse envisagée à l'endroit de ses hippodromes. Ce sujet a fait couler assez d'encre — acide ou sympathique — ma tâche est, par ailleurs, assez étendue. Je me bornerai à féliciter l'Administration des Haras d'avoir jugé enfin qu'il était temps de modifier sa méthode d'appréciation basée, jadis, sur le seul chronomètre, en s'attachant davantage au modèle après l'épreuve. D'autre part, le tracé accidenté de Vincennes est de ceux — trop rares — que j'ai lieu d'appprouver sans réserve ; je dirais moins de bien de celui de Saint-Cloud (en passant hélas, sous silence la province). Serait-ce pourtant le fait du terrain particulièrement lourd du 15 juin qui nous a valu la victoire, dans le prix du Président de la République, d'une *petite* jument qui nous change, oh ! combien ! du format des « Cherbourg », des carrossiers « en grand deuil » ?

J'estime que, dans toutes les branches de l'industrie chevaline, cédant à la mode commerciale (qui paraît se reprendre dans un sens moins accusé), on a été profondément injuste pour les mérites du cheval de taille réduite. Une réaction se dessine déjà, et s'accentuera, j'en suis sûr. On reconnaîtra, par l'utilisation des services, comme on commence à le faire sur le terrain des courses, que les épreuves de tenue et de résistance sont le plus souvent l'apanage des animaux de petite taille, que ceux-ci tiennent en réserve des trésors insoupçonnés de résistance et d'aptitude très supérieurs à ce que leur format réduit, à ce que leur masse restreinte eut conduit à escompter.

Ce chapitre du pur sang, du cheval de taille réduite s'accorderait fort bien avec celui des demi-sang du Midi, qu'une ligne de conduite ancienne, aussi tenace que dangereuse, a dirigés dans la sélection anglaise, beaucoup plus que dans l'amélioration arabe. Cette question est de celles qui ont déjà préoccupé certains de nos rapporteurs, je me bornerai à m'associer aux revendications de ceux d'entre eux qui ont signalé le danger de l'accroissement de la taille et de la spécialisation de la vitesse : toutes choses qui ont reculé et compromis l'échéance que tout homme de cheval complet, que tout zootechnicien doit souhaiter : la formation d'une race anglo-arabe autonome, en quelque sorte, n'ayant plus, avec la souche originelle orientale, que des contacts de *retrempe* de plus en plus espacés, une race consolidée par l'épreuve d'endurance en terrain varié.

*
* *

Ce sont ces mêmes points de contact de retrempe du sang oriental, à l'arrière-garde, que je suis amené à envisager également en abordant le chapitre de ces races qualifiées dédaigneusement par les snobs de « races inférieures ». Races inférieures, le terme est sonore, mais il est creux. Qu'on relise les déclarations du rapporteur du budget de l'Agriculture de 1908 et 1910, de M. le député Fernand David, on verra celles-ci : « On a jusqu'ici défini le cheval de qualité en tenant seulement compte de sa vitesse ; or, la vitesse est un élément important de la valeur d'un cheval, elle ne constitue pas à elle seule toute sa valeur.

« Nous devons maintenant admettre que sont, au même titre, chevaux de distinction et de qualité, tous ceux qui possèdent à un très haut degré, et tiennent d'une hérédité bien établie, les caractères voulus pour répondre aux utilisations spéciales auxquelles ils sont destinés.

« Voilà la vérité au point de vue national.

« Il faut bien constater également que si la qualité se présume par l'origine et les apparences, elle ne se prouve que par l'épreuve. »

La qualification par l'épreuve, les utilisations spéciales, voilà le double thème que nous nous proposons de développer devant le Congrès avec la brièveté que réclame un programme très étendu, avec la netteté qu'exige un sujet où l'agriculture, la défense nationale, sont étroitement associées en vue de l'avenir de nos races de labeur françaises. Ces races de labeur semblent devoir, aujourd'hui, sous le souffle délétère de la mode des apparences trompeuses, perdre, peu à peu, leurs qualités si personnelles, si précieuses, d'activité, de rusticité, leur tempérament inépuisable, leur résistance indéfinie, et ce, au profit de quelles apparences ? Une amplification du format qui, lorsqu'elle n'est pas la conséquence naturelle des progrès de la culture dans le milieu originel, ne s'acquiert, d'une façon générale, qu'au détriment de la rusticité, du rendement dynamique prolongé.

Cédant au point de vue commercial, on a pratiqué la suralimentation à haute dose, la stabulation, le culte de la graisse qui dissimule certaines imperfections du squelette et plaît à la clientèle ordinaire. Ces méthodes ne sont pas restées confinées dans les officines des préparateurs pour la vente, elles ont, peu à peu, envahi des sphères plus étendues, fait la conquête même de ces milieux qui avaient le devoir de rester sourds à des suggestions de ce genre.

Comment s'étonner que, peu à peu, le lymphatisme, associé intime des préparations de ce genre, s'infiltre sans relâche dans les tissus, que le rendement de la machine animale s'altère de plus en plus, au point que je voyais récemment, dans un ouvrage intéressant, la photographie d'un simple labour, dans une terre très légère, où cinq fortes juments étaient associées pour cette tâche anodine !

Si, dans un pays où le travail des bovidés est inconnu, les juments, qui sont les seules unités de travail, en sont là, que dires des mâles, des candidats étalons, que l'éleveur surveille d'un soin jaloux et qu'il tient sous clé, en méthode de gavage ?

Cette méthode, il ne l'emploierait pas pour ses bovins, car si on met le bœuf à l'engrais, le taureau n'y prend place que quand il a cessé ses fonctions. Notre collègue, M. le sénateur Viseur, dans son rapport, si documenté et si pittoresque, l'année dernière, nous dénonçait, avec une richesse inépuisable d'arguments techniques, les méfaits de la graisse à l'endroit des vertus prolifiques : combien il est pénible de constater que, même dans les milieux techniques, le culte de la graisse a envahi les cerveaux les mieux organisés, qui font dévier le chapitre musculaire en lui annexant le tissu adipeux.

C'est une méthode d'un genre bien différent qui présidait — il y a quelques quarante ans — au recrutement de nos étalons de trait de l'Administration des Haras : ils méritaient alors, à bon droit, leur titre d'étalons de *trait actif*. M. Baron du Taya, originaire de Bretagne, était alors directeur de l'Administration des Haras : il fut l'inspirateur de la loi organique de 1874 et du rapport si magistral de M. le sénateur Bocher. M. du Taya avait établi une convention avec la Compagnie des Omnibus, convention par laquelle l'Administration des Haras se réservait le droit, pour un prix déterminé, d'acheter tels chevaux entiers, en service aux Omnibus, qu'il lui conviendrait de désigner. En conséquence, M. du Taya avait institué un système de contrôle soit personnel, soit par mandat à l'un de ses directeurs ou inspecteurs, pour surveiller le travail utile des chevaux. Il n'était pas rare de voir ainsi un haut fonctionnaire de l'Administration des Haras posté à un passage difficile d'une ligne d'omnibus, (montée, descente, tournant brusque, terrain glissant, etc). De temps à autre, on faisait arrêter l'omnibus, on contrôlait un signalement, un matricule. Notre collègue, M. Lavalard, vient de me le confirmer, tout à l'heure, les acquisitions très nombreuses de M. du Taya et de ses collaborateurs se spécialisaient à peu près exclusivement sur les chevaux de *robe grise* qui, pour la très grosse part, prenaient le chemin du haras de Lamballe, où ils ont fait souche de la race si célèbre du littoral, dite « de la Bouillie », aujourd'hui, hélas ! quelque peu en voie de déliquescence, à l'endroit de ce type ancien, qui avait le type petit percheron — breton perchisé — avec les caractéristiques de l'arabe grossi : ce sont les ancêtres du cheval de trait breton. Cette unité de méthode, dont j'ai recueilli la certitude indiscutable, et à propos de laquelle, tout récemment, M. de La Motte Rouge, fils d'un haut fonctionnaire de l'Administration des Haras, évoquait, dans une conversation, le souvenir de son père se livrant à l'examen dont j'ai parlé ; cette méthode rationnelle, simpliste, admirable, n'est-ce point là la *qualification par l'épreuve ?*

Cette qualificatton par l'épreuve, appliquée au cheval de *trait actif* qu'était l'ancien cheval d'omnibus — ce trait actif que l'on confond trop souvent avec le cheval de trait léger, dont notre collègue, le commandant Charpy, a décrit, d'une façon si magistrale, les caractéristiques spéciales dans son livre si merveilleusement documenté — cette qualification par l'épreuve ne devrait-elle pas être désormais l'objectif de l'Administration des Haras acculée fatalement à une impasse. A maintes reprises, j'ai signalé le danger si redoutable pour la défense nationale, qui met l'Administration des Haras aux prises avec les demandes incessantes des agriculteurs ; pressée, d'autre part, par les sollicitations réflexes de leurs mandants, l'Administration des

Haras en est venue à encombrer progressivement les dépôts nationaux d'une masse, toujours grossissante, d'étalons de gros trait, d'étalons de trait lourd, de taille gigantesque, de corpulence invraisemblable, qui ne sont pas en mesure, ni de près, ni de loin, d'apporter une part contributive quelconque à l'œuvre imprescriptible de la défense nationale.

Je sais bien que, pour pallier ces errements, une excuse est mise en avant, qui prend appui sur la discussion du rapport préparatoire à la loi de 1874, inséparable de celle-ci. Il me paraît donc nécessaire de reproduire ici le texte incriminé de ce rapport (p. 111) :

« Quand le chiffre des étalons nationaux aura été porté à 2.500, ainsi qu'on le propose, le *sixième* environ de cet effectif, soit *400 têtes*, sera consacré au besoin des pays de trait (zone du nord), où il y a 240.000 juments. Il en restera donc 2.100
aptes à faire des chevaux de luxe et de cavalerie.

« Il faut joindre à ce chiffre celui que fournira la catégorie des étalons *approuvés*. Ici la part de l'industrie privée sera moins forte parce que l'espèce de trait en prendra nécessairement une plus grande sur le nombre total, que nous supposons aussi arriver à 2.500. En admettant que *la moitié* de ceux-ci soient employés par les races de *trait*, l'autre moitié, soit environ 1.200
s'ajoutera aux 2.100 étalons de l'Etat et portera à 3.300
le nombre total des reproducteurs consacrés à l'élevage du cheval de commerce et du cheval de troupe. »

En étudiant le rapport de M. Boçher, comme en feuilletant les documents de l'époque, il est facile de se rendre compte que l'éminent rapporteur et ses contemporains ne séparaient pas les besoins du commerce de ceux de l'armée. En est-il de même aujourd'hui où la vogue du gros trait a pris son principal essor dans la *demande américaine*, qui lui a valu précisément de perdre, de plus en plus, ses qualités natives d'activité et de rusticité d'antan, en passant sous les fourches caudines d'outre-mer, qui exigeaient de la taille et une prise de couleur... étrangère.

Aujourd'hui l'Amérique — Amérique du Sud, puis Amérique

du Nord — redemandent du gris, mais que sont devenus nos moules, nos petites juments grises percheronnes à crins soyeux, nos petites bretonnes grises, nos mareyeuses boulonnaises gris truité, les petits ardennais des bois d'antan ?

Il est aisé de détruire des races, il est autrement complexe — et combien lent ! — de les reconstituer. Jadis, le temps ne comptait guère, aujourd'hui on veut agir à la vapeur.

Pour en revenir au texte du rapport Bocher, quel contraste entre ces 400 étalons nationaux prévus, de *trait actif* — nous avons vu comment M. du Taya (l'inspirateur de la loi de 1874) savait les recruter avec les garanties d'épreuve — et le millier d'étalons de trait lourd qui ont envahi progressivement les dépôts nationaux, non plus seulement du Nord (rapport Bocher), mais de l'Est, mais de l'Ouest, mais du Nord-Ouest au Sud-Est, en passant par le Centre (en attendant que le Sud-Ouest en vienne à réclamer lui-même une modification à tempérament de la zone protectionniste) ?

Quel remède apporter à cette situation ? il n'y en a qu'un : la qualification future de *tous nos reproducteurs nationaux par l'épreuve d'aptitude en terrain varié* qui peut s'adapter à toutes les exigences.

Qu'il s'agisse des pur sang arabes, anglais, ou anglo-arabes, de la race trotteuse, des demi-sang du Midi, des chevaux de trait léger d'artillerie (postiers bretons ou assimilés, de sang ou de trait ardennais réchauffés) des chevaux de *trait actif*, que le poteau soit uniquement un poteau de vitesse orné de caractéristiques déterminées — galop, en plat ou en obstacle, trot — ou bien un poteau d'aptitude, comme je l'ai exposé ici même, il y a deux ans, il est essentiel que ce poteau soit solidement planté à l'orée de ce *terrain varié* fondamental qui constitue la base même de l'amélioration chevaline de l'avenir.

Mais, m'objectera-t-on, dans quelles transes n'allez-vous pas plonger les personnalités éminentes qui président à nos destinées hippiques ? S'il doit être décrété de faire maison nette des « indésirables », si, au budget des saillies, les « appeaux » nous abandonnent, comment nos chevaux travailleront-ils ? Que deviendront nos belles statistiques annuelles de pourcentage ? Ma réponse sera nette : « Vous compterez alors sur l'*industrie* privée, dont vous garderez le contrôle, en lui facilitant désormais, *sans arrière-pensée*, une collaboration qui, sous le couvert de subventions restrictives, s'était muée en une sorte de servitude dont l'essor de l'élevage faisait les frais ». Ce ne sera, d'ailleurs, que se conformer à l'esprit de la loi organique, qui prévoit un nombre d'étalons approuvés égal à celui des étalons nationaux. Or, la proportion n'atteint aujourd'hui que la moitié, par le fait d'une protection insuffisante et de la concurrence des chevaux de *gros trait* des dépôts nationaux.

Quand on aura rendu officielle la méthode exposée en 1912 par le commandant Guillet, méthode épousée par le Congrès hippique, à propos du prix de la saillie et de la modification de la loi de 1885 sur les tares osseuses nettement transmissibles, quand on aura constitué, en faveur de l'industrie privée, un budget « ne variatur » grossi des dépenses (achat et entretien) de l'Administration des Haras attribuées au gros trait, *en marge de la loi de 1874*, ce jour-là, la doctrine du Congrès hippique aura pris corps, les vœux pour les étalons de qualité, de vitesse et d'aptitude (Inspecteur général Barrier), les vœux pour les étalons de poids lourd, le vœu du docteur Nicolas sur les reproducteurs de selle, mon vœu personnel à l'endroit des étalons canonniers, enfin les vœux complémentaires que j'ai l'honneur de soumettre à votre approbation : tout cela constituera, dans un même ensemble de progrès et de préoccupation nationale, un faisceau vigilant qui garantira les œuvres de paix en donnant à la *carte blanche officielle* un nouveau lustre, d'un éclat désormais sans ombre.

On comprend donc la portée réelle du sommaire qui a abrité le début de cette esquisse. Qu'on n'en traduise pas les termes en traits d'humour, mais bien par cet adage : Hauts les cœurs !

Un grand poète de l'autre côté des Alpes, inscrivait, en exergue, à la porte de son « Enfer » : « Lasciate ogni Speranza ». Je souhaite voir, tout au contraire, dans ces Paradis de Mahomet, les grilles de nos dépôts nationaux revêtir la couleur verte symbolique, et s'ériger, au-dessus de la porte d'entrée, en lettres de feu — le feu sacré — cette inscription : « Dépôt d'étalons nationaux qualifiés par l'épreuve en terrain varié ». *(Applaudissements.)*

En conséquence, j'ai l'honneur de soumettre à votre approbation les vœux suivants, dont la haute portée ne saurait vous échapper :

Le Congrès hippique, considérant que, « si la qualité se présume par les origines et par les apparences, *elle ne se prouve que par l'épreuve*, considérant que le rôle primordial des Sociétés d'encouragement à l'élevage consiste à procéder à ces épreuves — en mode de vitesse, en mode d'adaptation ou en mode d'aptitude — afin que l'on puisse ensuite fournir à l'élevage national les reproducteurs dont il a besoin pour la fin qu'il se propose » (Rapport du budget de l'agriculture de 1911), émet les vœux suivants :

1° Que le Ministre de l'Agriculture veuille bien faire aboutir définitivement les vœux des Congrès hippiques émis en 1912, en 1913 et cette année même, sur cette question capitale.

a) Vœu sur les candidats étalons de *trait léger* aptes — par le contrôle d'épreuves en terrain varié — pour constituer des reproducteurs qualifiés pour le service de l'artillerie.

« Considérant l'intérêt de première urgence qui s'attache à la création immédiate d'une catégorie spéciale d'étalons de trait léger aptes au service de l'artillerie, qualifiés par des épreuves d'aptitude ;

« Considérant que la Société du Cheval national de trait léger, qualifié par l'épreuve a institué, depuis cinq ans, des épreuves rationnelles où elle a fait figurer avec le plus grand succès des chevaux entiers répondant à ces desiderata ;

« Considérant que le Congrès hippique de 1911 a adopté à l'unanimité le rapport de M. l'Inspecteur général des Services vétérinaires Barrier, qui comporte la conclusion suivante :

« Institution des épreuves d'étalons destinés à procréer des chevaux de trait léger propres au service de l'artillerie. Ces épreuves seraient inspirées des enseignements recueillis par les épreuves régimentaires de 1909 et 1910 ».

« Emet le vœu :

« Que l'Administration des Haras introduise, dès 1914, dans ses acquisitions d'étalons nationaux, une catégorie spéciale pour étalons de trait léger propres au service de l'artillerie, ayant satisfait aux épreuves dont il est parlé ci-dessus, épreuves subventionnées par le Ministère de l'Agriculture.

« Ces étalons de trait léger, qualifiés par l'épreuve, serviraient de base à la production des chevaux propres au service de l'artillerie. A cet égard, l'Assemblée générale appelle tout particulièrement l'attention de M. le Ministre de l'Agriculture sur l'éventualité qui s'impose d'urgence, de la substitution de ces étalons, qualifiés par l'épreuve en terrain varié, aux étalons de gros trait, grands et massifs. Ceux-ci envahissent, dans une progression incessante nos dépôts nationaux, en opposition formelle avec la loi de 1874, qui a eu pour but le recrutement de la défense nationale. Cette loi fixait au maximum de 1/6 de l'effectif en faveur des chevaux de trait — en ce moment-là dans une formule, conciliable avec les besoins de l'armée. — Aujourd'hui ces animaux sont d'un format absolument incompatible avec les exigences de la défense nationale, et leur effectif, toujours croissant, atteint plus de 1/4 dans l'effectif général de l'Administration des Haras, et plus des 2/3 dans la catégorie des étalons approuvés.

« Il serait entendu que les prix d'acquisition des étalons de cette catégorie, choisis par l'Administration des Haras, seraient majorés sur des bases analogues à celles instituées pour les étalons trotteurs, comme il convient pour de futurs reproducteurs de chevaux indispensables à la défense nationale. »

b) Que les concours-épreuves ou d'aptitude pour étalons de selle de gros poids soient étendus à tous les reproducteurs de selle — étalons et juments du Nord, du Midi, de l'Est et de l'Ouest... (Rapport du Dr Nicolas.)

c) Solution des améliorations à apporter au programme d'épreuves, *de tout ordre*, pour mettre en valeur les coefficients d'endurance et la bonne conformation utile *par le terrain varié*.

d) Les vœux ci-dessus sont en parfaite conformité avec le rapport du budget de l'Agriculture de 1911, dont le Congrès Hippique demande à M. le Ministre de l'Agriculture de faire aboutir dès maintenant les conclusions ci-dessus.

2° Le Congrès Hippique émet le vœu que M. le Ministre de la Guerre, considérant la nécessité d'organiser et de contrôler les disponibilités réelles, *confirmées par l'épreuve*, des unités de réquisition vigilantes, fasse aboutir le vœu du Congrès hippique de 1913, renouvelé intégralement cette année même, à l'endroit des épreuves et des primes de contrôle de mobilisation pour les chevaux de réquisition, et qu'il obtienne du Parlement la réalisation — par analogie aux primes accordées à la traction mécanique — des ressources financières indispensables pour ce résultat d'extrême urgence d'un objectif essentiellement patriotique (1).

3° Le Congrès hippique émet le vœu qu'une entente entre les Ministres de la Guerre et de l'Agriculture fasse prévaloir que, à partir de huit ans, les chevaux hongres — dont le rôle devrait être grandement restreint dans le domaine des Courses — ne soient plus admis dans les courses, plat ou obstacles, et qu'on crée, à partir de cet âge, en leur faveur, des épreuves spéciales où l'armée pourrait en prendre possession, aussi bien que des courses réservées aux chevaux de réquisition montés par des officiers de l'armée de seconde ligne. *(Applaudissements.)*

*
* *

Dans le cours de sa communication, le Rapporteur, substituant le plus souvent la parole à la lecture, a été

(1) L'Assemblée générale de la Société du cheval national de trait léger qualifié par l'épreuve, adopte les vœux suivants, qui servent de conclusion au rapport présenté par son Secrétaire général au Congrès hippique de 1913, et ratifié par ce Congrès, à l'unanimité :

1° Que des encouragements rationnels envisagés soient attribués strictement aux chevaux inscrits sur les contrôles de réquisition, ayant fait la preuve publique et contrôlée de leur aptitude, satisfaisant aux cinq premières catégories des listes de classement ;

2° Que le Ministre de la Guerre veuille bien favoriser le contrôle des aptitudes précitées à l'endroit de la cinquième catégorie — chevaux d'artillerie — qui font dans la plus grosse proportion appel à la réquisition pour les unités actives.

Dans cet ordre d'idées, il est fait appel à l'attention du Ministre de la Guerre sur l'intérêt capital qu'il y aurait à organiser, sans délai, des expériences de réquisition, qui sont le complément nécessaire du classement des chevaux : expériences qui sembleraient devoir être complétées par l'organisation, aux prochaines manœuvres d'armée, d'un groupe d'artillerie de campagne par corps d'armée, constitué exactement comme il doit l'être à la mobilisation, par les unités prévues dans les conditions exactes de poids des caissons du temps de guerre ;

3° Que ces expériences soient complétées par des encouragements attribués sous la forme de bons-primes en faveur des unités ayant satisfait complétement à ces expériences et qui seraient représentées en bon état lors du classement qui suivra les dites épreuves.

amené à souligner l'actualité caractérisée de deux procès récents à l'endroit d'acquisitions de candidats étalons.

L'un, non encore jugé, est intenté contre le vendeur à la suite de l'acquisition d'un étalon national de pur sang qui s'est révélé ultérieurement infécond. Le second concerne un candidat étalon postier particulier, dans le même cas, et a été jugé au préjudice du vendeur, condamné à reprendre sa marchandise, qui ne répondait pas à l'objectif pour lequel avait été conclue la vente.

C'est ce terrain spécial qui sert de point de départ à la discussion qui suit :

M. Roger de Salverte. — Il est impossible de savoir à l'avance si un cheval saillira ou non. On pourrait donc vendre sous condition résolutoire.

Conquérant est resté deux ans sans vouloir saillir, si ce n'est des juments *grises*. On a du avoir recours à un subterfuge qui consistait à lui présenter une jument grise à laquelle on substituait, après lui avoir bandé les yeux, une autre jument. Ainsi, il saillissait par accident. J'ai vu des étalons qui mettaient quelquefois quatre jours à se décider.

M. le comte de Robien. — Et *Reynolds,* le père de *Fuschia ?* Les haras sont une sorte de conservatoire des races chevalines. Dès lors, je me demande pourquoi le baudet n'y est pas représenté. Il rendrait plus de services que les étalons de gros trait dans le voisinage de $1^{m}70$.

M. Roger de Salverte. — Quand une troupe part en campagne, il lui faut des animaux de gros trait. Des officiers sont spécialement chargés d'en opérer la réquisition dans les villages.

M. le comte de Robien. — La traction mécanique pré-remplaceer la traction animale pour les gros poids.

M. Roger de Salverte. — La traction mécanique n'est utilisable que s'il y a de bons chemins.

M. le comte de Robien. — J'ai souligné moi-même cet aléa dans le mémoire sur la réquisition que vous avez sous les yeux. Quoi qu'il en soit, l'Administration des Haras doit considérer l'industrie privée comme sa collaboratrice et non comme une concurrente. Or, le palefrenier des Haras est par destination le rival acharné de l'étalonnier. Celui-ci ne peut se tirer d'affaire que si cette rivalité disparaît, que si un système de primes est bien organisé, complet et définitif.

En ce qui concerne la question de l'épreuve, je rappelle que, dans son rapport de 1908, M. Fernand David, aujourd'hui ministre de l'Agriculture, a particulièrement insisté sur l'institution d'épreuves pour les chevaux de trait léger propres au service de l''artillerie. Pourquoi ne pas qualifier de même les chevaux de gros trait par certaines épreuves d'aptitude rationnelle ? (*Applaudissements.*)

M. le Président. — Personne ne demande plus la parole ?...

Je mets aux voix les conclusions du rapport.

(Les conclusions du rapport, mises aux voix, sont adoptées.)

Sur le Traitement Chirurgical du Cornage chronique du Cheval

M. le docteur Fontaine, vétérinaire-major, chef de clinique à l'Ecole de Cavalerie. — La cure chirurgicale du cornage chronique du cheval a fait, ces toutes dernières années, un pas considérable, grâce à l'introduction, dans la chirurgie vétérinaire, d'une opération nouvelle. Cette intervention est dite *Opération de Williams*, du nom du professeur américain de l'Université d'Ithaca qui l'a conçue et qui en a soumis le manuel à la Société centrale de Médecine vétérinaire de Paris.

Pratiquée sur une large échelle en Angleterre, par le professeur Hobday, de Londres, et par ses élèves, elle tend à devenir courante en France. Les *causes* du cornage chronique, la *définition* même de ce vice ont donné lieu à des discussions nombreuses que nous passerons sous silence ; nous dirons tout de suite que l'opération de Williams n'a la prétention de remédier qu'au *cornage laryngien*, dont la représentation phonétique est sans doute difficile et dont le degré, le timbre et la tonalité peuvent varier.

Pour comprendre le mécanisme du *cornage laryngien*, pour connaître les conséquences de l'*hémiplégie laryngienne* qui en est le plus souvent la cause, pour saisir enfin le but de l'opération de Williams, il est nécessaire d'avoir une idée assez exacte de l'organisation du larynx et du fonctionnement de cet organe.

Anatomie sommaire. — Le larynx est placé à l'origine de la trachée, entre les branches du maxillaire, où il est soutenu par l'hyoïde.

C'est une sorte d'accordéon composé de cartilages au nombre de cinq : *épiglotte*, impaire qui se renverse sur le conduit laryngien au moment du passage du bol alimentaire ; *thyroïde*, impair ; cricoïde, impair ; *aryténoïdes*, pairs. Ces cartilages, articulés entre eux, sont réunis par des membranes ou ligaments et mus les uns sur les autres par des muscles tant extrinsèques, qu'intrinsèques.

Parmi ces derniers, les *crico-aryténoïdiens* postérieurs sont particulièrement intéressants : ce sont les dilatateurs de la glotte.

Attachés d'une part à l'anneau cricoïdien, ils vont s'insérer sur les arythénoïdes mobiles.

L'intérieur du larynx est tapissé par une membrane muqueuse ; cette muqueuse, s'insinuant dans les différents replis, forme entre la paroi laryngienne d'une part, représentée par la face interne du thyroïde, et l'aryténoïde sous tendu par la corde vocale d'autre part, un diverticule profond qui admet très facilement le doigt : c'est *l'antre ventriculaire*, le *ventricule laryngien*.

Physiologie et pathologie. — Lors de fonctionnement normal et au moment de l'inspiration, les muscles dilatateurs de la glotte tirent les aryténoïdes en arrière, les plaquent le long de la paroi laryngienne, rendant pour ainsi dire virtuel le ventricule laryngien — l'air passe librement. Mais il arrive que les muscles crico-aryténoïdiens postérieurs sont paralysés, atrophiés, et manquent à leurs fonctions ; la corde vocale n'est plus tendue, le cartilage aryténoïde s'affaisse dans la lumière du larynx, le ventricule reste béant : les conditions de la production du cornage laryngien sont remplies.

En effet, au moment de l'inspiration, une certaine quantité d'air s'engouffre dans ce ventricule et fait entendre un bruit de *trompe* par suite de son passage au travers d'un espace rétréci, en même temps qu'un bruit d'*anche*, par suite des vibrations de la corde vocale inerte. Aux allures lentes, le bruit est peu accusé, le nombre des mouvements respiratoires est restreint, l'hématose est suffisamment assurée ; mais aux allures vives, alors que l'activité musculaire réclame un jeu respiratoire plus énergique, le va-et-vient de l'air est rapide, le cornage devient plus bruyant, et il se produit en outre — fait le plus grave sans doute — une véritable *détresse respiratoire*.

Cette détresse tient à ce que, à chaque inspiration, une quantité moindre d'air est introduite, et à ce que, à chaque expiration, une certaine quantité d'air résidual manque d'être expulsé.

C'est pour remédier à la fois au bruit laryngien et à la détresse respiratoire que l'on a recours aujourd'hui à l'opération de Williams.

Elle consiste : en l'abrasion de la muqueuse ventriculaire, pour obtenir, par adhérence cicatricielle, l'accolement de l'aryténoïde à la paroi laryngienne correspondante, et pour ainsi dire la *mise en berne* du drapeau flottant que représente la corde vocale paralysée.

On sait qu'une muqueuse intacte n'adhère pas à elle-même, et c'est heureux pour le bon fonctionnement de nos organes : qu'adviendrait-il si les bavards avaient les lèvres adhérentes ? Si cette muqueuse est mutilée et son derme mis à nu, la greffe peut se faire très bien. Voici un larynx appartenant à un cheval corneur, opéré et considéré comme guéri ; la pièce montre que le résultat cherché a été correctement obtenu : à savoir effacement complet de la cavité ventriculaire comblée par du tissu de cicatrice retractile, immobilisation de la corde vocale, augmentation du calibre de la glotte, intégrité respectée des organes sains.

Je passe rapidement sur le manuel opératoire de l'opération de Williams ou des procédés chirurgicaux dérivés.

Le patient doit être fixé en *décubitus dorsal.*

Cette position, si elle lui est désagréable, ne lui est certainement pas douloureuse. Il n'est pas endormi ; et je crois devoir ouvrir ici une parenthèse pour calmer les alarmes de ceux qui nous font un grief d'être vivisectionnistes.

Au début, en raison de la délicatesse de l'opération, on avait recours à l'anesthésie générale ; on a reconnu que l'*anesthésie locale* était suffisante ; celle-ci supprime en effet les premières défenses de l'opéré, qui ne paraît pas conserver un souvenir fâcheux de l'intervention et qui ne perd, par la suite, ni sa gaîté, ni son appétit.

Le choc opératoire est nul.

Une injection sous-cutanée de cocaïne-adréaline ou de novocaïne, permet, à la faveur d'une large incision, d'arriver sur le larynx. Celui-ci est ouvert par le ligament crico-thyroïdien.

Par un procédé ou l'autre — ils sont déjà nombreux ceux qui ont été imaginés par d'inventifs chirurgiens français et étrangers — on enlève la muqueuse ventriculaire.

Les *soins consécutifs* sont absolument simples ; la brèche opératoire est comblée en douze à dix-huit jours.

La *remise au travail* doit être retardée le plus possible, environ deux mois et demi, pour permettre à la cicatrice ventriculaire de se rétracter convenablement.

Opportunité de l'intervention double. — Les avis des chirurgiens restent partagés au sujet de l'*opportunité de l'intervention double.*

Dans la très grande majorité des cas, la corde vocale gauche est, seule, paralysée et, personnellement, nous nous bornons à l'ablation de la muqueuse de ce seul côté. Nons considérons comme illogique de mutiler un organe dont le fonctionnement est parfait ; nous pensons que le jeu continuel du muscle normal est, d'autre part, un obstacle à la cicatrisation régulière.

Les faits d'observation de notre pratique semblent nous donner raison.

Nos opérés les mieux guéris sont ceux chez lesquels l'intervention a été unilatérale, alors que les sujets auxquels, dans le doute ou à titre expérimental, nous avons enlevé les deux ventricules n'ont été qu'améliorés.

Et le hasard vient de nous fournir, tout récemment, un exemple qui nous confirme dans notre manière de voir.

Mardi dernier, nous sommes intervenu sur un cheval de pur sang, corneur bruyant, appartenant à un officier de l'Ecole de cavalerie. Cet officier, très au courant de ce qui se fait et surtout de ce qui se dit dans le monde hippique, est venu nous demander, comme un service, d'opérer son cheval des deux côtés.

Or, nous avons eu la surprise de constater, le cheval une fois couché, qu'il portait une cicatrice cutanée et que ses deux cordes vocales avaient été mutilées.

Les cicatrices muqueuses paraissaient bien régulières, mais les aryténoïtes sont immobilisés en position telle que le calibre de la glotte est diminué d'une façon permanente.

L'opération double nous paraît ne devoir donner plus de garanties que lorsque les deux *cordes vocales sont paralysées* et nous savons, pour l'avoir constaté *de visu*, que c'est l'exception.

Voici, en chiffres, les résultats de notre pratique personnelle; ils ne paraissent pas inférieurs aux moyennes publiées ailleurs :

Sur 100 chevaux opérés depuis environ trois ans à l'École de cavalerie de Saumur, nous comptons :

66 guéris ;
33 améliorés ;
1 insuccès.

Nous considérons comme guéris, les sujets qui peuvent subir victorieusement l'épreuve réglementaire dans l'armée, à savoir environ 1.000 mètres de galop allongé, en cercle, aux deux mains, et nous savons, par expérience, que cette épreuve est plus que suffisante à révéler le moindre sifflement.

Les résultats que nous avons l'honneur de vous soumettre ont déjà — au cours d'une séance préparatoire du Congrès — été contestés. Or, nous nous contentons de dire qu'à Saumur, ils ont été contrôlés publiquement, et à plusieurs reprises, en présence de confrères à l'ouïe très exercée et de cavaliers qui ne cachaient pas tout d'abord leur scepticisme.

Nous considérons les guérisons ou améliorations obtenues comme durables.

Nous avons sous les yeux des opérés de trois ans qui font, sans défaillance, un service parfois pénible, en tout cas, plus propre à accroître leur défaut.

Nous avons relevé, parmi les plus typiques, quelques observations se rapportant à des sujets utilisés différemment : manège, carrière, armes, chasse à courre, courses.

Fadri, 5 ans, anglo-arabe, par El Hassan, a gagné, avant son achat, quelques courses dans le Midi. Devenu corneur à la suite de la *gourme*, puis de pasteurellose. Présente au moindre travail une détresse respiratoire qui va jusqu'à l'asphyxie. Inutilisable. Opéré en octobre 1911 ; est entraîné au printemps de 1912 et courre en août un steeple-chase à Saumur. Fait depuis deux ans un excellent service de carrière, sans bruit ni défaillance.

Gallo-Romaine, demi-sang, par Saint-Pair-du-Mont ; cornage accusé à la suite d'une atteinte de pneumonie, opérée en décembre 1911. Fait depuis un excellent service de carrière.

Cordapui, pur sang, par Ellsmère ; corneur outré, opéré fin 1911 ; a fait pendant deux ans son service de carrière. Est aujourd'hui la monture d'un de nos généraux de division de cavalerie les plus allants.

Hallali, 10 ans, cheval anglais, monture préférée d'un maître d'équipage des plus réputés dans l'Ouest. Après avoir été très brillant, le cheval est devenu dangereux et son cornage domine la voix des chiens.

Par suite d'un accident postérieur à l'opération, celle-ci n'a pas donné un résultat aussi complet qu'on l'aurait désiré, mais le sujet est tellement amélioré qu'il a fait les deux dernières saisons de chasse à la grande satisfaction de son propriétaire.

Sans Souci, pur sang, opéré il y a deux ans, vient de gagner aux dernières courses d'Evreux, un military devant un bon lot de neuf partants. J'ai là une lettre enthousiasmée de l'officier dont il est le cheval d'armes.

Il serait fastidieux, je pense, de prolonger cette énumération.

— Il peut y avoir intérêt pour un acheteur ou pour un opérateur a reconnaître si un cheval a subi l'opération de Williams.

La cicatrice cutanée est parfois tout à fait insignifiante et il faudrait raser la région pour la mettre en évidence ; voici une indication complémentaire : le larynx est l'organe de la voix ; or, les chevaux qui ont eu cet organe mutilé ont un *hennissement voilé*.

***

Nous pourrions arrêter là notre communication puisque seule la cure chirurgicale du cornage chronique entre dans notre programme.

Nous nous permettons pourtant d'attirer l'attention du Congrès sur les questions que soulève la guérison possible du cornage chronique :

1° Garantie dans le cas de vente d'un animal opéré ;

2° Intervention du facteur hérédité et rôle des infections dans la production du cornage chronique.

En ce qui concerne le premier point — et ce n'est là, nous nous empressons de le dire, qu'une opinion personnelle — nous estimons qu'un cheval de service, opéré du cornage, et qui peut subir victorieusement les épreuves classiques, du genre de celles qui sont règlementaires dans l'armée, peut être considéré comme sain, bien qu'il est été atteint d'un vice rédhibitoire prévu par la loi du 2 août 1884. Nous avons dit *cheval de service*, par opposition à *reproducteur*, et nous savons qu'au point de vue de l'hérédité du cornage, les opinions sont diverses.

En vue du futur débat, nous nous contentons d'apporter quelques faits d'observation. Tous nos opérés appartenant à l'École de Cavalerie, examinés par nous-même au moment de leur achat, entre 2 et 4 ans, pouvaient être considérés comme absolument sains.

Ils sont devenus corneurs à la suite d'infections plus ou moins graves : gourme, affections typhoïdes, parfois simples angines, dûment constatées et suivies au jour le jour.

Quelques-uns d'entre eux ont bien la même origine du côté paternel mais nombreux sont leurs frères, épargnés par l'infection et qui sont indemnes du cornage.

D'autre part, nous connaissons à l'École de nombreux produits sains d'un étalon qu'on nous a dit être corneur.

Si donc nous admettons, avec les auteurs qui ont soutenu cette opinion une prédisposition morbide héréditaire, nous sommes obligés d'accorder à l'infection, une part prépondérante dans la production du cornage chronique.

Au point de vue de l'élevage hippique, les questions suivantes ont un intérêt primordial :

1° Faut-il interdire la reproduction à un reproducteur corneur (étalon ou jument).

2° Autorisera-t-on la saillie d'un étalon qui a subi avec succès l'opération de Williams ?

3° Une jument guérie du cornage par l'opération chirurgicale (jument de l'armée réformée par anticipation) peut-elle sans inconvénient être livrée à la reproduction ?

Nous souhaitons voir ces questions discutées et mises à l'étude et, pour ne pas abuser de l'attention de nos auditeurs, nous concluons :

1° La cure chirurgicale du cornage chronique du cheval peut être obtenue et doit être tentée.

2° L'opération de Williams est l'opération de choix.

3° Les chevaux de service opérés et guéris peuvent être considérés comme sains et vendus comme tels.

En ce qui concerne les reproducteurs (étalons et juments), la question se rattache à celle de l'hérédité ; elle ne paraît pas être définitivement tranchée ; elle mérite d'être mise à l'étude et discutée.

M. le comte Jean Le Gonidec. — La remonte achète des juments dans les pays d'élevage, et elle les rend quand elles cornent. Que deviennent ces juments ? Des poulinières. Si véritablement on peut les guérir du cornage, il serait plus simple de dire à l'éleveur : Votre jument corne ; nous estimons sa dépréciation à tant. Et on ne la remettrait pas à la reproduction.

M. Roger de Salverte. — Chaque fois qu'on a transporté une jument corneuse dans un pays où il n'y avait pas de corneurs, en général, elle n'avait que des produits non corneurs. Ce sont surtout dans les milieux humides, en Normandie, en Angleterre, que l'on rencontre des corneurs. Des juments corneuses anglaises ont eu des produits non corneurs en France.

Araucaria a produit en France quatre ou cinq chevaux non corneurs ; avant de venir en France, elle avait produit trois chevaux corneurs.

M. Gallier. — Si un propriétaire fait opérer un cheval qui boîte et le revend sans rien dire, il ne commet pas de dol ; mais un professionnel qui fait opérer un cheval pour le revendre six semaines après sans rien dire commet un dol.

J'estime que, dans ce cas, non seulement le vendeur doit reprendre son cheval mais il doit être condamné à des dommages-intérêts.

M. Le Gonidec a eu parfaitement raison de dire que la remonte devrait conserver les juments corneuses qu'elle achète. Il y a une vingtaine d'années que, dans un ouvrage sur le cheval anglo-normand, j'ai préconisé cette mesure. La Société des vétérinaires du Calvados et de l'Orne, au mois de janvier, a émis un vœu dans ce sens. Les cultivateurs seraient enchantés de vendre leurs produits même avec une réduction de prix.

M. Meyranx. — Emettre un vœu dans ce sens, c'est inviter le service de la remonte à ne pas se conformer aux dispositions de la loi sur les vices redhibitoires.

M. Gallier. — C'est une question de mesure. Il n'y a que dans les cas graves que le vétérinaire invoque la redhibition.

M. le Président. — Ce que nous pouvons demander sans former de vœu, c'est la modification de la loi.

Personne ne demande plus la parole?

M. Roger de Salverte donne lecture de la rédaction suivante :

A l'issue de la séance du Congrès hippique du 18 juin, divers représentants de l'élevage de l'anglo-arabe se sont réunis sur l'initiative de M. Charles de Salverte.

Etaient présents : MM. Cousinet, baron de Palaminy, comte F. de Béarn, Garrigou-Larriale, de Treffonds d'Avancourt, J. Sempé, Ducru, de Naurois, Rozier, La Bayle, Varin, de Neuville, Bachala, Barrier, Suberbie, Lacarrière, marquis de Lagarde.

Une proposition tendant à réunir en une seule société, sous le nom de Société d'encouragement à l'élevage du cheval arabe et anglo-arabe qualifié, tous les groupements hippiques du Centre et du Sud-Ouest, s'intéressant à l'élevage de l'anglo-arabe, a reçu un accueil très favorable.

Ce groupement existe déjà sous le nom de Syndicat général

hippique de l'Ouest, du Centre et du Sud-Ouest, qui pourra servir de base à la nouvelle Société.

Son bulletin pourrait aussi servir à la publicité des questions en jeu.

Un vœu en ce sens sera présenté à M. Raynal, président du Syndicat général hippique.

M. Ducru propose que la question lui soit soumise au plus tôt. (*Adopté à l'unanimité.*)

Pour affirmer son existence, la *Société d'encouragement à l'élevage du cheval arabe et anglo-arabe qualifié* devrait s'associer par un encouragement portant son nom à une grande manifestation hippique.

A ce sujet, M. Cousinet fait connaître que M. le Ministre de l'Agriculture a mis à la disposition du Syndicat général hippique, sans affectation spéciale, une somme de 3.000 francs, qui pourrait être utilisée en encouragements et former la base du fonds social.

M. Cousinet propose une réunion de la Société qui aurait lieu tous les ans, au moment des achats d'étalons, dans la ville où se font ces achats, c'est-à-dire actuellement à Toulouse.

Sur la demande de M. Loubet, président du Congrès hippique, les éleveurs présents décident de nommer un bureau qui sera l'interprète de tous les Syndicats du Sud-Ouest, comme les bureaux des Sections du pur sang, du demi-sang français et du cheval de trait représentent les autres races au Congrès hippique.

Sur le refus de M. Cousinet, empêché par ses nombreuses occupations, M. Charles de Salverte est nommé président de la Section du cheval arabe et anglo-arabe qualifié.

M. le baron de Palaminy veut bien accepter les fonctions de vice-président.

L'Assemblée décide de se réunir le 19 juin, à cinq heures et demie, pour discuter les conclusions du rapport de M. le vétérinaire major Meyranx.

Priée par M. le Président du Congrès de donner son avis sur les conclusions du rapport de M. le vétérinaire Meyranx, l'Assemblée des Eleveurs du Sud-Ouest déclare non acceptable la désignation du cheval *dit sélectionné* et accepte le vœu suivant relatif au recrutement des étalons :

« L'Administration des Haras est priée de n'acheter comme « étalons que :

« 1° Les performers, c'est-à-dire des chevaux ayant gagné en « course une somme de 3.000 francs au moins.

« 2° Tous les autres chevaux devront avoir pris part, avant « le concours-épreuve de Toulouse, à plusieurs concours de « selle *à créer* dans les principaux centres d'élevage ».

Vœux émis par M. le baron de Palaminy :

I. Le Congrès hippique émet le vœu qu'il soit créé des courses pour anglo-arabes de quatre ans et au-dessus avec des fonds nouveaux.

II. Qu'il soit acheté par l'Administration des Haras un certain nombre d'étalons à la suite de leur carrière de courses de quatre et cinq ans sur les obstacles.

M. Meyranx. — L'assemblée des représentants de l'élevage d'anglo-arabes a examiné le vœu que j'ai présenté au Congrès ; la portée de ce vœu a été considérablement diminuée. Je m'incline devant la majorité des éleveurs, mais je ne me tiens tout de même pas pour battu. Il n'est pas dans mon tempérament de me déclarer immédiatement vaincu. On a adopté un seul de mes vœux relatif au recrutement des étalons. J'estime que quatre concours-épreuves au moins sont nécessaires.

M. Roger de Salverte. — Je n'ai pas qualité pour modifier le texte que je suis chargé de soumettre au Congrès.

M. Meyranx. — Je regrette de n'avoir pu convaincre les éleveurs du Sud-Ouest, mais je reprendrai la question.

M. le Président. — Messieurs, vous avez entendu la lecture qui vient de vous être faite. M. Meyranx fait des réserves pour l'avenir. Ces réserves sont toujours de droit.

Notre collègue aura toute facilité pour faire prévaloir son opinion dans nos prochains Congrès. Il ne pourrait y avoir de difficulté que pour les épreuves avant les achats de l'Administration des Haras.

M. Meyranx demande, par amendement, qu'on substitue au mot *un* le mot *plusieurs*.

L'amendement a la priorité.

Je le mets aux voix.

(L'amendement, mis aux voix, est adopté.)

M. le Président. — Je mets aux voix l'ensemble de la rédaction lue par M. de Salverte, ainsi modifiée.

(Cette rédaction, mise aux voix, est adoptée.)

Clôture du Congrès

M. le Président. — La parole est à M. Druet.

M. Druet. — Messieurs, après avoir terminé l'examen des questions portées à notre ordre du jour, je crois être l'interprète de tous les membres du Congrès hippique en adressant tous nos remerciements et toutes nos félicitations à M. le Président Emile Loubet, Président du Congrès qui ne cesse de s'occuper de la prospérité de l'agriculture (*Vifs applaudissements.*), à M. de Lagorsse, Secrétaire général, au Bureau du Congrès (*Nouveaux applaudissements.*), à la Société nationale d'Encouragement à l'Agriculture, pour le zèle qu'ils ont déployé à préparer et à diriger nos débats, ainsi que pour le dévouement qu'ils apportent à la défense des intérêts de l'élevage français. (*Applaudissements.*)

Je vous propose donc, Messieurs, de maintenir par acclamation pour 1914-1915, les membres de la Commission permanente et son Bureau, ainsi que les divers Bureaux des sections du pur sang, du demi-sang et du trait. (*Applaudissements unanimes.*)

M. le Président. — Messieurs, avant de nous quitter, je veux vous remercier d'être venus cette année en si grand nombre et d'avoir pris une part aussi active aux travaux du Congrès. Je tiens à féliciter tous nos collègues de leur assiduité et de l'intérêt toujours croissant qu'ils portent à nos discussions. Nous multiplions, quelquefois un peu trop, les vœux, mais il faut reconnaître qu'à force d'insister, quelques-uns d'entre eux se réalisent ; il faut demander beaucoup pour obtenir un peu, et ce que nous avons déjà obtenu justifie amplement notre institution. (*Applaudissements.*)

Nous ne pouvons que nous féliciter des résultats que nous sommes à même de constater grâce à l'œuvre que nous avons entreprise et que nous poursuivons depuis dix ans. Nous espérons que nos successeurs sinon nous-mêmes, la continueront et donneront ce bon exemple de représentants de races autrefois adversaires, quelque fois ennemis, aujourd'hui réconciliés, amis pour le plus grand bien du pays, pour la prospérité de la nation. (*Vifs applaudissements.*)

Je mets aux voix la proposition de M. Druet tendant au renouvellement des pouvoirs de la Commission permanente du Congrès et des divers Bureaux pour l'année prochaine.

(Cette proposition, mise aux voix, est adoptée à l'unanimité.)

En conséquence, la Commission permanente du Congrès hippique de Paris et les divers Bureaux sont constitués comme il suit, pour 1914-1915 :

Commission permanente du Congrès hippique

MM. Emile LOUBET, président du Congrès hippique ;
J.-M. de LAGORSSE, secrétaire général du Congrès.

Section du pur sang. — MM. Adolphe ABEILLE ; comte d'ANDIGNÉ ; J. ARNAUD ; Alexandre AUMONT ; Paul BAJAC ; professeur G. BARRIER ; L. BEDOUT ; Camille BLANC ; Edmond BLANC ; Jacques de BRÉMOND ; Maurice CAILLAULT ; Paul CHÉDEVILLE ; P. COMET ; Henri CORBIÈRE ; P. DECKER-DAVID ; Henri DELAMARRE ; Gaston DREYFUS ; Jean DUPUY ; comte de FELS ; Maurice FOACHE ; marquis de GANAY ; duc de GRAMONT ; vicomte Louis-Emmanuel d'HARCOURT ; Jean JOUBERT ; comte de LASTOURS ; comte LE MAROIS ; prince MURAT ; comte Roger de NICOLAY; Robert PAPIN ; Dr A. PÉDEBIDOU; comte Paul de POURTALÈS; Jean PRAT; Henry REMY ; Jean STERN ; Edmond VEIL-PICARD ; marquis de TRACY.

Section du demi-sang. — MM. le marquis de BARBENTANE ; Elphège BASIRE ; de BASLY ; Abel BASSIGNY ; Louis BAUME ; A. BEAUCHAMP ; H. BOULNOIS ; Marcel COURRÈGELONGUE ; H. GARREAU ; Armand GAST ; Hippolyte GOMOT ; comte de GUÉBRIANT ; Gabriel GUERLAIN ; A. HÉMARD ; Th. LALLOUET ; vicomte de LANGLE ; Salomon LAZARD ; Louis LE BOURG ; Louis MARCHEGAY ; E. MARCILLAC ; Emile MÉTÉNIER ; R. de la MOISSONNIÈRE ; Ovide MOULINET ; Louis de NEUVILLE ; OLLITRAULT-DURESTE ; Auguste OLLIVIER ; Gaston PERROT ; F. PIGNARD-DUDÉZERT ; RIOTTEAU ; Paul ROUVIER ; Philippe du ROZIER ; comte de SAINT-QUENTIN ; Ferdinand SARRIEN ; baron du TEIL ; J. THIBAULT ; Albert VIEL.

Section du trait. — MM. Charles AVELINE ; J.-L. AVELINE ; Henri BACHELET ; Frédéric BARDIN ; F. BOULANGER ; François CAQUET ; J. CHOUANARD ; Gabriel CLÉMENT ; Alphonse COLAS ; Félicien DELATTRE ; Philippe DENIS ; Eugène FAGOT ; Alphonse FARDOUET ; E. FORTIER ; baron de FRESNOYE ; Emmanuel FRÉZIER ; Constant FURNE ; Ernest GASSELIN ; Auguste HAYES ; baron d'HERLINCOURT ; E. LAVALARD ; Ernest LE GENTIL ; Prosper LELEU ; comte Georgss de LHOMEL ; Léon LHOSTE ; Edmond MADARÉ ; Edmond PERRIOT ; Louis PICHON ; PRILLIEUX ; Alain QUEINNEC ; J.-L. QUEINNEC ; ROINARD ; baron de SAINT-PAUL ; Charles SIGNORET ; TACHEAU ; Eugène TISSERAND ; Marcel VACHER ; VALLÉE, VISEUR.

Bureau de la Commission permanente

Président : M. Emile LOUBET.

Vice-Présidents : MM. Jean DUPUY, GOMOT, F. SARRIEN, vicomte D'HARCOURT, baron du TEIL, prince MURAT, RIOTTEAU, Ed. BLANC, VISEUR, E. TISSERAND, DECKER-DAVID, G. BARRIER, Ph. du ROZIER, comte de GUÉBRIANT.

Secrétaire général : M. de LAGORSSE.

Secrétaires : MM. Maurice CAILLAUT, comte Paul de POURTALÈS, L. BAUME, E. LE GENTIL.

Bureau de la Section du Pur Sang

Président : M. Edmond Blanc.

Vice-Président : M. Decker-David.

Secrétaire : M. le comte Paul de Pourtalès.

Bureau de la Section du Demi-Sang

Président : M. F. Sarrien.

Vice-Présidents : MM. Gomot, baron du Teil, Ph. du Rozier, comte de Guébriant.

Secrétaires : MM. L. Baume, L. Marchegay, Ovide Moulinet.

Bureau de la Section du Trait

Président : M. Viseur.

Vice-Présidents : MM. E. Tisserand, Ch. Aveline, A. Queinnec, François Caquet.

Secrétaire : M. E. Le Gentil.

Secrétaire-adjoint : M. Emmanuel Frézier.

Bureau de la Section de l'Arabe l'Anglo-Arabe de pur sang et l'Anglo-Arabe de demi-sang qualifiés

Président : N...

Vice-Présidents : N...

Secrétaire : N. .

Secrétaire-adjoint : N...

M. le Président. — Messieurs, je vous remercie de la grande marque de confiance que vous venez de donner aux membres du Bureau.

Je compte réunir le plus souvent possible les membres des Bureaux et de la Commission permanente, aussi souvent toutefois que le permettra l'éloignement de Paris de certains d'entre eux.

Grâce aux précieux collaborateurs que sont pour nous le Syndicat du Demi-sang, le Syndicat du Pur sang et même le Syndicat du Gros trait, le Congrès hippique ne manquera pas d'exercer sur les Pouvoirs publics une action légitime.

Le compte rendu des séances du Congrès sera publié après qu'une épreuve aura été envoyée à chacun des orateurs. Cette divulgation de nos travaux ne peut que profiter à notre œuvre qui est servie par l'ardeur, je ne dis pas de néophytes, mais d'hommes qui sont sur la brèche depuis longtemps et qui ne négligeront rien pour qu'elle soit couronnée par le succès. (*Applaudissements prolongés.*)

Personne ne demandant plus la parole, je déclare clos le 10e Congrès hippique.

(La séance est levée à 11 heures 45).

COMPTE RENDU DU BANQUET

Banquet du Congrès

Le banquet du 10e Congrès hippique de Paris a eu lieu le samedi 20 juin, sous la présidence de M. Fernand David, ministre de l'Agriculture, ayant à ses côtés : MM. le Président Emile Loubet ; Sarrien, ancien président du Conseil des Ministres ; Gomot, Develle, anciens ministres de l'Agriculture.

A la table d'honneur :

MM. Payer, membre du Bureau du Conseil municipal de Paris, représentant le Président ; Delavenne, membre du Bureau du Conseil général de la Seine, représentant le Président ; général Brugère, ancien généralissime ; général de La Garenne et général Gaillard-Bournazel, inspecteur général permanent et inspecteur général adjoint des Remontes ; colonel Ancelin, directeur de la Cavalerie ; Carrier, chef du Cabinet du Ministre de l'Agriculture ; de Pardieu, directeur, Leroy, sous-directeur de l'Administration des Haras ; Edmond Perrier, membre de l'Institut, directeur du Muséum ; baron du Teil, marquis de Ganay, comte Le Gonidec, marquis de La Garde, marquis de Nieul, Edmond Blanc, Riotteau, Robert Papin, représentant les grandes sociétés hippiques ; Dabat, directeur général des Eaux et Forêts ; Tisserand, membre de l'Institut, directeur honoraire de l'Agriculture ; comte de Saint-

Quentin, Dr Chauveau, Decker-David, Courrègelongue, Cauvin, sénateurs ; Thome, député ;

MM. les Représentants des grandes Compagnies de Chemins de fer ; Collot (Est) ; Humbert (Etat), Pradeau (Midi), Piéron (Nord) ; Dubois (Orléans) ; Bréchot (P.-L.-M.) ; MM. Simonnin, Ollivier, Quinchez, d'Heilhe, Laurand, de Saint-Pern, inspecteurs généraux des Haras ; Grosjeau, Comon, inspecteurs généraux, Sagourin, Battanchon, Chancrin, inspecteurs de l'Agriculture ;

MM. de Lagorsse, secrétaire général du Congrès ; commandant Martin du Nord, Charles de Salverte, comte de Robien, Joly, Vallée, Frézier, Meyranx, Baume, Lavalard, Dr Fontaine, rapporteurs du Congrès ; Albert Le Play, Mirande, François Caquet, J. Cazelles, Dethan, Hamé, Augé, Frédéric Bardin, Jules Bénard, Armand Bory, Calvet, Octave Dubois, Auguste Laurent, Lhotelain, Dr Regnard, Henry Remy, Trouard-Riolle, membres du Conseil d'Administration de la Société nationale d'encouragement à l'Agriculture ; Decharme, chef du crédit de la mutualité et de la coopération agricoles ; de Sevin, Bellamy, de Tonnac, du Ché, Dupont, d'Agnel de Bourbon, Marthe, de Réals, de Lestapis, de Bersancourt, Le Couteulx de Caumont, de Ligny, Clauzel, Bruneton, Guillemaut, directeurs et sous-directeurs de dépôts d'étalons ; Baltazzi, directeur du *Jockey* ; Ch. Aveline, président de la Société hippique percheronne ; Massé, président du Syndicat des Eleveurs du Cher ; Corbière, vice-président de la Société d'agriculture de l'Orne ; La Bayle, président du Syndicat des Eleveurs de chevaux des Landes ; Alain Queinnec, vice-président de la Société hippique de Saint-Thégonnec ; Decrombecque, vice-président du Cercle agricole du Pas-de-Calais ; Bachelet, secrétaire de la Société centrale d'agriculture du Pas-de-Calais, Chomet, président du Syndicat des Eleveurs de la Charmoise ; Silz, secrétaire général de l'Association de la Presse agricole ; Brancher, Mermilliod, secrétaires de la Société nationale de protection de la Main-d'œuvre agricole ; Tardy, délégué à la Section agricole du Musée social ; Grosclaude, administrateur de l'Association de l'Industrie et de l'Agriculture françaises ; Troude, secrétaire général de l'Association du

Mérite agricole ; Seguin, directeur de l'Ecole nationale d'agriculture de Rennes ; Dr Albert-E. Le Play ; Paul Loubet, conseiller référendaire à la Cour des Comptes ; Gallier ; Pradès ; Decron ; Sainte-Marie ;

MM. René Bardin, Max Bonhomme, Boisseau, Gauvreau, Moreau, Casimir Noël, Bapt, Thibault. Laporte, Autret, Aucouturier, Tacheau, Couzinet, Chantecaille, lauréats du Concours général agricole et hippique ; P. Marsais, Cassez, Girard, Hédiard, Boitel : Adam, Robert Ponsart, Rozeray, Gillin, Labounoux, Sonnet, Koël, Lecomte, Voitellier, Demarty, Tribondeau ; Pierre Berthault, secrétaire de la rédaction du *Journal d'agriculture pratique ;* Destarac, secrétaire de la rédaction de *La Terre ;* Chabrier, rédacteur à *La Liberté ;* Gorce ; Detot ; Couturier ; Dr Even ; Camaüer ; Le Bourg ; Le Rousseau ; MM. les représentants des Agences *Havas*, *Fournier* et l'*Information*, du *Journal des Débats*, du *Petit Journal*, du *Fermier*, de l'*Ouest-Eclair*, etc., etc.

TOAST DE M. LE PRÉSIDENT ÉMILE LOUBET

Messieurs,

Je vous propose de lever votre verre en l'honneur de M. le Président de la République. (*Vifs applaudissements.*) L'intérêt qu'il porte à l'élevage est connu de vous tous, mais si quelqu'un pouvait en douter encore, le tour de force qu'il vient d'accomplir, cet après-midi, au milieu des eaux qui inondaient le Champ-de-Mars, à la place de cette Galerie des Machines que nous regrettons toujours, et qui, je le crains, sera regrettée pendant de longues années encore, malgré les promesses répétées du Conseil Municipal et des Ministres, lèverait toute hésitation. Le Président, l'air vigoureux — qu'il est heureux d'être jeune ! (*On rit.*) — a parcouru le Champ-de-Mars ; il a voulu voir tous les animaux exposés. Ce n'est pas la première fois, d'ailleurs, car, à peine entré en fonctions, l'année dernière, au mois de février, il visitait le concours, non pas des animaux reproducteurs, mais des animaux gras, et il admirait les produits de notre belle France, les fleurs de la Côte d'Azur que je m'étais permis de lui faire signaler par votre prédécesseur, alors à mes côtés, mon cher Ministre, comme vous y êtes ce soir.

A M. le Président Poincaré! (*Applaudissements vifs et répétés.*)

Je remercie toutes les personnes qui ont bien voulu répondre à notre invitation et, en premier lieu, MM. les représentants de la Ville et du Département, qui ont toujours marqué pour l'élevage des races chevalines, bovines, ovines et porcines mêmes, l'intérêt que la grande capitale porte à la production agricole. La Ville de Paris aurait bien tort, d'ailleurs, de ne pas favoriser les agriculteurs, les éleveurs et les membres des sociétés sportives. Tous contribuent à la richesse et à la prospérité de la capitale, et ils en sont heureux, non seulement par amour-propre, mais aussi par intérêt — un intérêt réciproque.

Je remercie mon cher ami, mon vieux camarade Sarrien, qui est plus jeune que moi — il est bien heureux! (*Rires et applaudissements.*)

Il a été président du Conseil. Je l'ai été avant lui. Soyez sûrs que je ne l'avais pas recherché; il y avait plus de coups que de félicitations à recevoir. J'ai reçu les coups; ils ne m'ont pas tué, et la preuve : c'est que, vingt-deux ans après, je suis encore plein de vie. (*Applaudissements.*)

Je remercie les représentants de la race chevaline, les éleveurs, les présidents et membres de syndicats d'éleveurs, d'avoir répondu à notre appel. C'est la Société nationale d'encouragement à l'Agriculture qui, il y a dix ans, prit l'initiative de convier les représentants des diverses races à s'entendre, au lieu de se déchirer, ce qui est assez fréquent en France, non seulement parmi les producteurs de chevaux, mais dans d'autres catégories de citoyens. (*Applaudissements.*) Nous leur fîmes remarquer que ces dissensions servaient nos rivaux, que l'exportation de nos produits diminuait dans des proportions considérables : tombée à 26.000 têtes, non pas de chevaux, mais chevaux et mules réunis, elle n'aurait cessé de diminuer si ces luttes n'avaient pris fin. Les éleveurs nous écoutèrent, et nous vîmes les représentants du pur sang — M. Edmond Blanc, notamment — les représentants du gros trait, du boulonnais, de l'ardennais, du percheron, du demi-sang, s'entendre, créer le Congrès hippique, conclure cette paix qui a été si utile et dont les résultats ne se firent pas attendre. Dès la première année, la période ascendante des exportations commença. Nous étions arrivés à près de 60.000 unités, lorsque la dépression causée par des raisons d'ordres divers s'est produite. Nous sommes dans la période décroissante. Nous ne devons pas pour cela nous décourager. Au contraire, il faut que, plus que jamais, nous nous serrions les coudes et je suis heureux, Monsieur le Ministre, de vous dire que le spectacle auquel nous avons assisté, trois jours durant, au Congrès hippique, montre que la solidarité la plus entière existe entre tous les éleveurs, Les intérêts qui, au premier abord, paraissaient les plus opposés, concordent. C'est par l'union que nous pouvons augmenter le chiffre de nos exportations et que nous contribuerons ainsi à la prospérité de la France. (*Applaudissements.*) Pour arriver à ce but, nous ne devons négliger aucun article d'exportation, car si la lutte peut devenir terrible sur les champs de bataille, elle n'est pas moins dangereuse sur le terrain économique. La lutte des peuples, pour la conquête de territoires nouveaux, pour leur expansion et la vente de leurs produits sur tous les points du globe, montre qu'elle se livre plus sur le terrain économique qu'elle ne se livrera sur le champ de bataille.

Messieurs, vous pouvez vous rendre cette justice que, tous, vous avez contribué à maintenir et à améliorer la situation. Nous comptons sur vous, Monsieur le Ministre, pour nous aider à poursuivre la réalisation de nos programmes.

Permettez-moi de vous dire — c'est peut-être un peu de vanité de ma part, de vanité sénile. (*On rit.*) — que dix ans se sont écoulés depuis la fondation de notre Congrès hippique. Dix ans, c'est long, et cependant, nous sommes encore à la période de la pleine jeunesse, et nous avons la vigueur nécessaire pour mener à bonne fin l'œuvre entreprise à cette époque, et réalisée au cours de ces dernières années.

Vous avez parcouru, hier d'abord, aujourd'hui ensuite, notre Concours, dans des conditions qui en rendaient la visite peu facile, mais vous êtes assez habitué à ces manifestations pour vous rendre compte de la merveilleuse expansion qu'a prise, comme qualité et comme quantité, la production chevaline. Nous comptons sur vous pour nous aider à réaliser le but que nous nous sommes proposé, il y a dix ans. Nous savons que ces espérances ne seront pas déçues. Si votre prédécesseur était là, je lui annoncerais, avec une joie profonde, que nous avons pu, au cours de ce Congrès, donner au Sud-Ouest qu'il représentait, une satisfaction à laquelle il attachait, comme moi d'ailleurs, beaucoup de prix : nous avons décidé qu'une Section de notre Comité représenterait l'élevage anglo-arabe du Sud-Ouest et du Midi de la France, pui donne tous les jours une preuve de sa valeur. L'anglo-arabe est une source merveilleuse de recrutement pour la cavalerie légère et même pour certains régiments de dragons. Ni M. le général de La Garenne, ni M. de Pardieu ne me démentiront si je dis que l'anglo-arabe est un élément considérable de la production française qu'il ne faut pas laisser péricliter. L'Administration des Haras n'a pas pour mission de favoriser l'anglo-normand au détriment de l'anglo-arabe ou inversement, de favoriser le pur sang au détriment du demi-sang ou le demi-sang au détriment du pur sang ; les uns et les autres sont indispensables au maintien de l'énergie et de la valeur de toutes les races.

Vous pouvez donc, mon cher Ministre, faire connaître à M. Raynaud cette bonne nouvelle que je ne lui ai pas transmise, car c'est aujourd'hui que la décision a été prise.

Je bois à la santé de M. le Ministre de l'Agriculture, de notre cher Ministre de l'Agriculture. (*Vifs applaudissements.*)

Nous n'avons pas oublié son premier passage à la rue de Varenne, où je salue son retour. Il est du Sud-Est ; j'en suis aussi. Il est jeune ; je suis vieux et je vois avec plaisir que le Sud-Est marche bien. (*On rit.*)

A la santé de M. le Ministre de l'Agriculture ! (*Nouveaux applaudissements.*)

Je ne veux ajouter qu'un mot.

C'est la Société nationale d'encouragement à l'Agriculture qui a pris, il y a dix ans, l'initiative de la fondation du Congrès hippique ; nous avons dans notre Société un homme dont la modestie est connue de tous, mais qu'il est de mon devoir de louer pour le travail qu'il accomplit, de féliciter pour les résultats acquis et d'encourager pour les résultats futurs : j'ai nommé M. de Lagorsse. (*Vifs applaudissements répétés.*)

C'est lui qui est l'âme de cette institution. Sans jamais perdre une heure, il recherche tout ce qui peut la faire prospérer. Il y a longtemps que je le vois à l'œuvre. Nous sommes ici lui et moi parmi les rares survivants de la fondation de la Société nationale d'encouragement, qui remonte, si je ne me trompe, à trente-quatre ans, époque à laquelle Gambetta fonda le Ministère de l'Agriculture. Depuis, nous y avons vu passer beaucoup de nos amis ; pas un seul ne fut ingrat à l'égard de notre Société. (*Applaudissements.*) Tous ont laissé ici le meilleur souvenir, et nous nous flattons d'avoir laissé le même souvenir dans le cœur de tous ceux qui survivent, et ils sont nombreux. Heureusement, mon cher Gomot, la maison de la rue de Varenne porte bonheur. Vous êtes jeune, aussi jeune que lorsque vous y êtes entré, il y a longtemps, en 1885. (*Applaudissements.*)

Je charge M. de Lagorsse d'adresser, en notre nom à tous, nos remerciements à MM. les représentants des Compagnies de chemins de fer, qui sont au complet ici ce soir. Ils nous rendent de nombreux services ; nous leur avons demandé beaucoup ; nous leur demanderons encore plus et je ne doute pas qu'ils ne fassent tout ce qu'ils pourront pour nous aider car ils savent bien qu'ils accomplissent ainsi un devoir patriotique et qu'ils servent les propres intérêts de leurs compagnies. (*Applaudissements prolongés.*)

TOAST DE M. LE MINISTRE DE L'AGRICULTURE

Mon cher Président,
Messieurs,

Permettez-moi, tout d'abord, de remercier M. le Président Loubet d'avoir bien voulu rappeler, tout à l'heure, qu'il avait conservé le souvenir de mon précedent passage à la rue de Varenne.

Moi non plus, mon cher Président, je n'ai point oublié les

instants véritablement charmants que j'ai vécus, il y a dix-huit mois, en votre compagnie, à vos côtés, au milieu de la Société nationale d'encouragement à l'Agriculture, où déjà nous avions échangé des pensées, d'ailleurs communes, sur la situation du monde agricole et la production agricole elle-même. Je vous retrouve toujours jeune, quoi que vous en disiez. Il semble que vous mettiez quelque coquetterie à vous prétendre « vieux », pour que, bien vite, on affirme que vous trompez vos amis. (*Applaudissements.*)

Je vous retrouve toujours jeune et entouré d'un aéropage que je salue respectueusement. Parmi les hommes qui m'entourent, j'aperçois des sommités politiques comme mon excellent ami Sarrien, mon ami Develle, M. Gomot ; j'aperçois les représentants des grandes organisations agricoles et hippiques qui nous ont fait l'honneur de s'asseoir à cette table.

Messieurs, un effort comme le votre n'est point inutile, même dans ce pays. Je dis même dans ce pays, car, dans la grande poussée moderne qui bouleverse les différents Etats, notre France a la bonne fortune de rester relativement bien équilibrée, alors que d'autres nations qu'on a tendance à considérer comme puissantes, sont secouées intérieurement, si bien que les populations rurales se dirigent vers les villes. Nous, Français, nous avons su résister, en partie du moins, car le mal de la dépopulation des campagnes est un de ceux qui se font sentir parmi nous. Les conditions d'existence d'une grande démocratie, qui a soif de bien-être, ont pour conséquence fatale la pénurie de la main-d'œuvre dans les campagnes. J'ai, quant à moi, résolument abordé le problème et, avec le concours des membres de cette société qui veulent bien me suivre dans cette voie, grace à la collaboration de mes services, je me propose de continuer l'examen d'une organisation administrative, qui aura pour objet de rechercher comment on peut alimenter nos campagnes de la main-d'œuvre qui y fait défaut et comment on peut apporter à notre agriculture le secours dont elle a besoin. (*Vifs applaudissements.*)

Cette considération essentielle mise à part, il n'est pas douteux que nous restons, nous, des privilégiés. Nous avons une productions agricole qui, sans cesse, se perfectionne ; nos agriculteurs entrent résolument dans la voie du progrès ; ils vont aux méthodes nouvelles ; ils savent varier leurs productions ; ils se préoccupent des ressources que peuvent leur offrir les marchés en un mot, ils sont, à tous égards, dignes des leçons que vous avez su leur donner. Ce doit être là, pour vous, un précieux encouragement.

Vous rappeliez tout à l'heure, mon cher Président, la naissance du Ministère de l'Agriculture. Le grand patriote qu'était Gambetta a conquis à nos yeux un mérite plus grand : c'est à son initiative que nous devons de constater les progrès auxquels je faisais allusion tout à l'heure.

Ces progrès, vous voulez les poursuivre non seulement dans le domaine de l'agriculture en général, mais encore dans le domaine si spécial de la production hippique, où vous avez joué un rôle bienfaisant entre tous.

J'ai été, mon cher Président, — j'éprouve quelque orgueil à le rappeler ici — l'un de vos lointains et modestes collaborateurs. Alors que j'étais rapporteur du budget de l'Agriculture au Parlement, j'ai réfléchi sur les problèmes qui vous préoccupent ; je me souviens d'avoir indiqué, dans un de mes rapports, la nécessité du relèvement du prix d'achat de nos chevaux, de la création de la prime au naisseur. J'ai également signalé l'obligation où se trouvent nos grandes sociétés de courses d'instituer des épreuves permettant de se rendre compte de la qualité du cheval. (*Applaudissements.*)

Vous avez fait mieux que moi, parce que vous travaillez dans un milieu où votre action pouvait plus utilement s'exercer ; votre autorité était plus grande et les intéressés, si compétents en cette matière et si dévoués à la cause de l'élevage chevalin, ont tous répondu à votre appel en vue d'une action commune et coordonnée. Je ne sais s'il existe dans notre France, où les divisions sont, comme vous le disiez, très nombreuses, de milieu où la discorde fut, à un moment donné, plus intense. J'ai cherché à m'instruire. J'ai été déconcerté par des affirmations presque toujours contradictoires. Etait un adversaire du progrès celui qui ne professait pas telle opinion. On ne pouvait escompter aucun résultat profitable. Vous êtes néanmoins parvenu, mon cher Président, à établir l'accord sur le terrain de l'intérêt national. On discutait sur la question de savoir s'il fallait aller vers le modèle ou la qualité. Je crois qu'on a fini par trouver la qualité dans le modèle. Les contradictions sont immédiatement tombées et nous nous trouvons, aujourd'hui, en présence d'hommes animés d'un égal dévouement, ayant une égale compétence qui, mettant de côté les stériles divisions d'école, n'ont plus en vue que l'organisation de la production chevaline et, se plaçant sur le terrain économique, vivent dans une atmosphère de concorde et d'entente.

Ces hommes, ils sont en présence d'un pays qui leur offre les ressources les plus merveilleuses, car la nature a été pour notre belle France d'une tendresse véritablement infinie. La nature nous a permi d'avoir une production chevaline idéale. Nos vieilles races sont capables de répondre à tous les besoins, qu'il s'agisse du pur sang, du demi-sang, du cheval de selle ou du trotteur.

Où peut-on trouver des chevaux de gros trait plus parfaits qu'en France, qu'il s'agisse du percheron ou du boulonnais ? Ce sont là des races qui, pour être fortes, restent cependant fines.

Nous avons encore le cheval nouvellement né ou revenu à la lumière, qu'on appelle l'artilleur, le cheval de trait léger auquel on a bien voulu me demander de m'intéresser.

En Bretagne, nous avons des ressources inépuisables. Nous pouvons, à la fois, fournir le cheval d'artillerie et le cheval utile que demandent les cultivateurs.

Mon cher Président,

Les résultats que vous avez obtenus doivent vous encourager à persévérer.

Vous avez, à un moment donné, présidé aux destinées de notre République. Il ne vous a pas suffi d'être le premier magistrat de l'Etat ; vous avez voulu rester un grand Français ; je vous donne l'assurance, au nom du Gouvernement de la République, que vous avez pleinement réussi. (*Vifs applaudissements.*)

Je puis me permettre de vous dire que la sollicitude des Pouvoirs publics continuera à vous entourer ; elle s'attache à votre personne et à celle de vos excellents collaborateurs, parmi lesquels vous aviez raison de citer tout à l'heure M. de Lagorsse. (*Nouveaux applaudissements.*)

Je lève mon verre et je bois, mon cher Président, à votre verte jeunesse et aux succès de vos nouveaux Congrès. (*Vifs applaudissements prolongés et bravos.*)

TOAST DE M. DE LAGORSSE

Secrétaire général du Congrès

MESSIEURS,

M. le Président Loubet m'attribue, dans le succès de nos Congrès hippiques, une part qui ne revient pas, tant s'en faut, à moi seul. Sans doute, je suis — comment dirai-je ? — une cheville ouvrière. On m'appelle comme cela quelquefois. (*Sourires.*) L'autre jour, mon ami M. Albert Viger me décernait, au banquet de l'Horticulture, le titre de chef d'état-major général de M. le Président Loubet. C'était très flatteur, mais non moins exagéré. En réalité, je suis le simple lieutenant de nos Présidents alternants, aujourd'hui de M. Emile Loubet, hier de M. Gomot. Mais je n'ai pas grand mérite à rester toujours fidèle à mon poste, car, depuis trente-quatre ans, j'ai eu au-dessus de moi, pour présider la Société, les hommes les plus considérables du pays. Ces hommes se sont appelés Foucher de Careil, que nous avons malheureusement perdu trop tôt ; Teisserenc de Bort, un nom si respecté dans le monde de l'agriculture, nom honorablement continué par son fils, qu'une mort prématurée nous a ravi, il y a quelques années.

Nous avons eu comme présidents des hommes comme MM. Emile Récipon, Jules Guichard, deux bienfaiteurs de notre Société ; comme M. Casimir-Périer ; comme M. Edmond Caze, un libre et charmant esprit, orateur éloquent, écrivain de race, dont la mort soudaine fut un deuil pour ses collègues du Congrès hippique. (*Applaudissements unanimes.*) Je ne peux pas citer les noms des membres du Conseil d'administration ; ils sont trop ! Vous savez qu'ils constituent un véritable état-major de l'agriculture française. Vous le voyez, je n'ai aucun mérite à rester à mon poste.

J'ai traversé l'Administration, — où j'ai eu la bonne fortune d'avoir pour ministre M. Sarrien ; j'ai traversé le Parlement et je dois dire que, dès les premiers jours, je m'y suis senti dépaysé. Le seul bon souvenir que j'en ai emporté est d'avoir été l'initiateur des concours spéciaux de races françaises, qui ont rendu tant de services, depuis vingt ans, à nos éleveurs et qui s'apprêtent à en rendre de plus grands encore. (*Très bien, trés bien.*) Au bout de mes quatre ans, je suis rentré volontairement dans le sein de l'agriculture, c'est-à-dire dans le sein de notre Société — que je n'avais d'ailleurs pas abandonnée.

Au cours de mes voyages en France, j'ai beaucoup appris, faisant un apprentissage auprès des nombreux amis que j'ai rencontrés sur tous les points du territoire. Je ne crois pas qu'il y ait chez nous un accueil, une hospitalité comparable à celle que l'on trouve dans le monde de l'agriculture. Partout, ce qui vaut mieux, j'ai trouvé des collaborateurs précieux à notre œuvre.

Je n'ai qu'à jeter les yeux autour de cette table, pour apercevoir les vainqueurs de nos grands concours de la province et de Paris, qui ont, tous, une conscience profonde du rôle qu'ils jouent dans notre économie rurale et des services qu'ils rendent à la patrie. (*Applaudissements.*) Je vois en face de moi M. Rémy, le grand agriculteur de l'Oise, qui vient d'obtenir la prime d'honneur pour sa magnifique exploitation de Neuvillette, pourvue d'un haras, d'un superbe troupeau de vaches, d'une distillerie, de belles cultures de céréales, le tout admirablement conduit par lui et Mme Rémy. (*Applaudissements.*)

Je m'en voudrais d'oublier son émule, M. Lucien Boisseau, (*Très bien ! très bien !*) de ne pas citer quelques-uns de nos convives des départements, MM. Bardin, Chomet, les éleveurs célèbres de la Nièvre ; M. Massé, du Cher ; M. Corbière, de l'Orne ; MM. Bachelet et Decrombecque, du Pas-de-Calais. Je m'arrête, vous trouverez tous les noms dans le compte rendu du banquet, que publiera *la Semaine agricole*.

Je veux aussi exprimer toute ma reconnaissance aux personnalités considérables du monde hippique qui sont venues s'asseoir à notre table.

Nous avons ici les lauréats du Concours général agricole et du Concours central des races chevalines, et, comme le disait tout à l'heure M. le Président Loubet, nous ne pouvons que nous féliciter de voir réalisée l'union entre les représentants des diverses races. (*Applaudissements.*)

Je lève mon verre en l'honneur de nos lauréats. (*Nouveaux applaudissements.*)

Il me reste un devoir à remplir.

M. le Président Loubet m'a confié le soin de porter un toast en l'honneur de MM. les Représentants de toutes les Compagnies de chemins de fer, que nous sommes heureux de retrouver ici ce soir.

Les Compagnies de chemins de fer nous rendent de très grands services. Leur mouvement de coopération s'est particulièrement dessiné, il y a dix ans, grâce à l'initiative de M. le Président. Elles ont fait beaucoup pour le transport de tous les produits et, surtout, des denrées périssables, pour lesquelles elles ont aménagé des convois spéciaux. Ce fut là un premier trait d'union entre les Compagnies et nous. Nous avons, en outre, assisté à ce spectacle curieux de Compagnies s'occupant, non seulement d'améliorer et d'accélérer les transports, mais encore de créer de nouvelles sources de profits pour l'agriculture. On n'a pas oublié les expositions faites au Grand Palais, en février dernier, par les Compagnies d'Orléans, de Paris-Lyon-Méditerranée et le réseau de l'Etat. Ces trois réseaux ont publié des brochures très documentées et très bien illustrées, sur les principales productions des contrées qu'ils traversent.

La Compagnie d'Orléans a même organisé des trains reliant la France au Maroc et a publié une notice montrant les ressources qu'offre à l'agriculture notre colonie nouvelle. (*Vifs applaudissements.*)

Cette collaboration des Compagnies avec les agriculteurs sera des plus féconde. Les intérêts des uns et des autres se confondent.

Je bois à MM. les représentants des six grandes Compagnies de chemins de fer. (*Nouveaux applaudissements.*)

Je veux, en terminant, porter un toast à la Presse dont, en ce qui nous concerne, nous ne dirons jamais trop de bien. (*Applaudissements.*)

Beaucoup de ses représentants suivent les travaux de nos Congrès ; ils contribuent à les faire connaître partout, pour le plus grand bien de l'agriculture. Aussi est-ce de tout cœur que je lève mon verre en l'honneur des Représentants de la Presse. (*Applaudissements vifs et répétés.*)

TABLE DES MATIÈRES

Paris. — Imp. Pairault et Cie, 3, rue de Bizerte